스스로 알아서 하는

하루 10분수학

계산편

⑥ 단계
3학년 2학기 과정

하루10분수학(계산편)의 소개

스스로 알아서 하는 하루10분수학으로 공부에 자신감을 가지자!!!
스스로 공부 할 줄 아는 학생이 공부를 잘하게 됩니다.
책상에 앉으면 제일 처음 '하루10분수학'을 펴서 공부해 보세요.
기본적인 수학의 개념과 계산력 훈련은 집중력을 늘리게 되고
이 자신감으로 다른 학습도 하고 싶은 마음이 생길 것입니다.
매일매일 스스로 책상에 앉아서 연습하고 이어서 할 것을 계획하는 버릇이 생기면
비로소 자기주도학습이 몸에 배게 됩니다.

하루10분수학(계산편)의 활용

1. 아침 학교 가기 전 집에서 하루를 준비하세요.
2. 등교 후 1교시 수업 전 학교에서 풀고, 수업 준비를 완료하세요.
3. 하교 후 정한 시간에 책상에 앉고 제일 처음 이 교재를 학습하세요.

하루10분수학은 수학의 개념/원리 부분을 스스로 익혀
학교와 학원의 수업에서 이해가 빨리 되도록 돕고, 생각을 더 많이 할 수 있게 해 주는 교재입니다.
'1페이지 10분 100일 +8일 과정' 혹은 '5페이지 20일 속성 과정'으로 이용하도록 구성되어 있습니다.
본문의 오랜지색과 검정색의 조화는 기분을 좋게 하고, 집중력을 높이데 많은 도움이 됩니다.

HAPPY

꿈을 향한 나의 목표

화이팅!!

^^

나는 　　　　　 (하)고 　　　　　 한

_____

(이)가 될거예요!

_____

공부의 목표

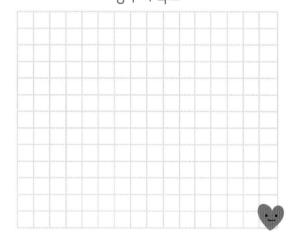

예체능의 목표

생활의 목표

건강의 목표

나의 목표를 꼼꼼히 세우고, 목표를 달성하기위해 노력해요^^

♥ 공부의 목표를 달성하기 위해

1.

2.

3.

할거예요.

🍎 예체능의 목표를 달성하기 위해

1.

2.

3.

할거예요.

🌱 생활의 목표를 달성하기 위해

1.

2.

3.

할거예요.

🐦 건강의 목표를 달성하기 위해

1.

2.

3.

할거예요.

 나의 목표를 꼼꼼히 세우고, 목표를 달성하기위해 노력해요^^

꿈을 향한 나의 일정표

화이팅!!

월

SUN	MON	TUE	WED	THU	FRI	SAT

메모 하세요!

월

SUN	MON	TUE	WED	THU	FRI	SAT

메모 하세요!

화이팅!!

SMILE 꿈을 향한 **나의 일정표**

이달의일정표를 작성해 보세요!

월

SUN	MON	TUE	WED	THU	FRI	SAT

메모 하세요!

월

SUN	MON	TUE	WED	THU	FRI	SAT

메모 하세요!

1일 10분 100일 / 1일 50분 1개월 과정

※ 문제를 풀고난 후 틀린 점수를 적고 약한 부분을 확인하세요.

특별부록 : 총정리 문제 8회분 수록

하루10분수학(계산편)의 구성

1. 오늘 공부할 제목을 읽습니다.

4. 다 풀었으면, 걸린시간을 적습니다.
정확히 풀다보면 빨라져요!!!
시간은 참고만^^

2. 개념부분을 가능한 소리내어 읽으면서 이해합니다.

월   일
분   초

12문제 중
문제 맞았니!

5. 스스로 답을 맞히고, 점수를 써 넣습니다. 틀린 문제는 다시 풀어봅니다.

1 수 3개의 계산 (2)

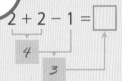

소리내어 읽기

4 + 1 - 3 의 계산

사과 4개에서 사과 1개를 더하면 사과 5개가 되고,
5개에서 3개를 빼면 사과는 2개가 됩니다.
이 것을 식으로 4+1-3=2이라고 씁니다.

4+1-3의 계산은 처음 두개 4+1을 먼저 계산하고, 그 값에 뒤에에 있는 -3를 계산하면 됩니다.

$$4 + 1 - 3 = 2$$
$$5$$
$$2$$

※ 여러 개의 식이 붙어 있으면, 처음부터 한개 한개 계산합니다.

소리내어 풀기

위의 내용을 생각해서 아래의 ☐에 알맞은 수를 적으세요.

3. 개념부분을 참고하여 가능한 소리내어 읽으며 문제를 풉니다. 시작하기전 시계로 시간을 잽니다.

1 $2 + 2 - 1 = \square$
   4
   3

5 $2 + 3 - 3 = \square$

9 $5 + 2 - 6 = \square$

2 $4 + 3 - 5 = \square$

6 $5 + 2 - 4 = \square$

10 $3 + 4 - 5 = \square$

3 $5 + 4 - 2 = \square$

7 $4 + 1 - 2 = \square$

11 $1 + 6 - 3 = \square$

4 $3 + 0 - 3 = \square$

8 $8 + 1 - 0 = \square$

12 $4 + 6 - 4 = \square$

이어서 나는 ☐을여 공부/연습할거야! 05

6. 모두 끝났으면, 이어서 공부나 연습할 것을 스스로 정하고 실천합니다.

tip 교재를 완전히 펴서 사용해도 잘 뜯어지지 않습니다.

공부하는 습관 !

하루 10분 수학

배울 내용

6단계

3학년 2학기 과정

01 받아올림 있는 몇십몇 × 몇 (1)

17×3의 계산 ①

17개묶음 3묶음은 17+17+17=51입니다.

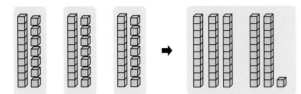

10개씩 3묶음 : 10+10+10 = 10 × 3 = 30
7개씩 3묶음 : 7+ 7+ 7 = 7 × 3 = 21
17개씩 3묶음 : 17+17+17 = 17 × 3 = 51

17×3의 세로 계산법 ①

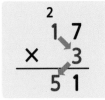

```
  1 7          1 7          1 7
×   3        ×   3        ×   3
              ----         ----
                 1          5 1
```

① 자리수를 맞추어 위와 같이 적습니다.

② 일의 자리 7×3의 값을 일의 자리만 일의 자리에 적습니다.

③ 십의 자리 1×3의 값과 일의 자리에서 올라온 값을 더해 십의 자리에 적습니다.

각 자리 수끼리 곱하고 더한 값을 이용하여 아래 곱셈을 풀어 보세요.

01.
8 + 8 = 8 × ☐ = ☐
20 + 20 = 20 × ☐ = ☐
28 + 28 = 28 × ☐ = ☐

02.
6 + 6 = 6 × ☐ = ☐
30 + 30 = 30 × ☐ = ☐
36 + 36 = 36 × ☐ = ☐

03.
5 + 5 + 5 = 5 × ☐ = ☐
20 + 20 + 20 = 20 × ☐ = ☐
25 + 25 + 25 = 25 × ☐ = ☐

04.
```
    1 7
×     4
```

※ 일의 자리와 곱한 값이 10이 넘어 십의 자리로 올려줄 때는 십의 자리 위에 작게 표시해 줍니다.

05.
```
    3 7
×     2
```

06.
```
    1 3
×     6
```

07.
```
    4 8
×     2
```

08.
```
    2 8
×     3
```

09.
```
    1 3
×     7
```

10.
```
    3 6
×     2
```

11.
```
    2 4
×     4
```

☐ Mon 월   일
⏱   분   초

17×3의 계산 ②

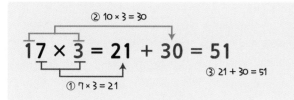

② 10 × 3 = 30

17 × 3 = **21** + **30** = **51**

③ 21 + 30 = 51

① 7 × 3 = 21

① 일의 자리 7 × 3의 값 21을 구하고,

② 십의 자리 1은 10이므로 10 × 3의 값 30을 구한 다음,

③ 일의 자리 곱의 값 21 과 십의 자리 곱의 값 30을 더해주면
   17 × 3의 값 51을 구할 수 있습니다.

17×3의 밑으로 (세로) 계산법 ②

```
  1 7          1 7          1 7
×   3        ×   3        ×   3
─────        ─────        ─────
  2 1 ←7×3     2 1 ←7×3     2 1 ←7×3
             3 0 ←10×3    3 0 ←10×3
                          5 1 ←21+30
```

① 일의 자리 7×3의   ① 십의 자리 10×3의   ③ 곱셈이 끝났으면
  값 21을 적습니다.   값 30을 그 밑에   줄을 그어 표시하고
                         적습니다.   21＋30의 값 51을
                                               적으면 값을 구한 것입니다.

일의 자리를 먼저 곱한 값에 십의 자리를 곱한 값을 더하는 방법으로 아래 곱셈을 풀어 보세요.

01. 29 × 2 = ☐ + ☐ = ☐

02. 15 × 3 = ☐ + ☐ = ☐

03. 12 × 5 = ☐ + ☐ = ☐

04. 27 × 3 = ☐ + ☐ = ☐

05. 48 × 2 = ☐ + ☐ = ☐

06.
```
    2 6
×     3
─────
```

07.
```
    1 7
×     5
─────
```

08.
```
    3 8
×     2
─────
```

09.
```
    4 5
×     2
─────
```

10.
```
    2 9
×     2
─────
```

11.
```
    1 7
×     4
─────
```

※ 덧셈, 뺄셈, 곱셈은 일의 자리부터 계산합니다. 나중에 배울 나눗셈의 계산만 높은 자리부터 계산합니다.

03 받아올림 있는 몇십몇×몇 (연습1)

 아래 곱셈을 계산해 값을 구하세요.

01. $15 \times 2 =$ ☐ $+$ ☐ $=$ ☐

02. $24 \times 3 =$ ☐ $+$ ☐ $=$ ☐

03. $16 \times 4 =$ ☐ $+$ ☐ $=$ ☐

04. $48 \times 2 =$ ☐ $+$ ☐ $=$ ☐

05. $27 \times 3 =$ ☐ $+$ ☐ $=$ ☐

06. $23 \times 4 =$ ☐ $+$ ☐ $=$ ☐

07.
```
    1 4
  ×   4
  ------
```

08.
```
    2 7
  ×   3
  ------
```

09.
```
    1 2
  ×   6
  ------
```

10.
```
    3 6
  ×   2
  ------
```

11.
```
    2 5
  ×   3
  ------
```

12.
```
    1 5
  ×   6
  ------
```

13.
```
    4 8
  ×   2
  ------
```

14.
```
    2 9
  ×   3
  ------
```

※ 일의 자리와 곱한 값이 10이 넘어 십의 자리로 올려줄 때는 십의 자리 위에 작게 표시해 줍니다.

47×3의 계산

② 40 × 3 = 120

$$47 \times 3 = 21 + 120 = 141$$

③ 21 + 120 = 141

① 7 × 3 = 21

① 일의 자리 7 × 3의 값 21을 구하고,

② 십의 자리 4는 40이므로 40 × 3의 값 120을 구한 다음,

③ 일의 자리 곱의 값 21 과 십의 자리 곱의 값 120을 더해주면 47 × 3의 값 141을 구할 수 있습니다.

47×3의 계산방법

```
   4 7
 ×   3
 ─────
   2 1  ←7×3
```

```
   4 7
 ×   3
 ─────
   2 1  ←7×3
 1 2 0  ←40×3
```

```
   4 7
 ×   3
 ─────
   2 1  ←7×3
 1 2 0  ←40×3
 ─────
 1 4 1  ←21+120
```

① 일의 자리 7×3의 값 21을 적습니다.

① 십의 자리 40×3의 값 120을 적습니다.

③ 21＋120의 값 141을 적으면 값을 구한 것입니다.

받아올림에 주의하여 아래 곱셈의 값을 구하세요.

01. 35 × 4 = ☐ + ☐ = ☐

02. 46 × 3 = ☐ + ☐ = ☐

03. 62 × 5 = ☐ + ☐ = ☐

04. 27 × 6 = ☐ + ☐ = ☐

05. 53 × 4 = ☐ + ☐ = ☐

06.
```
   6 2
 ×   7
```

07.
```
   5 6
 ×   2
```

08.
```
   8 3
 ×   5
```

09.
```
   7 2
 ×   7
```

10.
```
   9 6
 ×   4
```

11.
```
   2 9
 ×   8
```

※ 47의 4는 40입니다. 409의 4는 400을 나타냅니다.

월 일
분 초

 소리내 풀기

아래 곱셈을 계산하여 값을 구하세요.

01. $58 \times 6 =$ ☐ $+$ ☐ $=$ ☐

02. $91 \times 7 =$ ☐ $+$ ☐ $=$ ☐

03. $65 \times 6 =$ ☐ $+$ ☐ $=$ ☐

04. $27 \times 8 =$ ☐ $+$ ☐ $=$ ☐

05. $53 \times 5 =$ ☐ $+$ ☐ $=$ ☐

06. $38 \times 4 =$ ☐ $+$ ☐ $=$ ☐

07.
```
    3 6
  ×   4
  ------
```

08.
```
    4 7
  ×   3
  ------
```

09.
```
    7 4
  ×   9
  ------
```

10.
```
    5 3
  ×   6
  ------
```

11.
```
    5 4
  ×   3
  ------
```

12.
```
    8 5
  ×   8
  ------
```

13.
```
    2 6
  ×   5
  ------
```

14.
```
    7 9
  ×   3
  ------
```

확인 (틀린 문제의 수를 적고, 약한 부분을 보충하세요.)

회차	틀린문제수
01 회	문제
02 회	문제
03 회	문제
04 회	문제
05 회	문제

오답노트 (앞에서 틀린 문제나 기억하고 싶은 문제를 적습니다.)

회	번
문제	풀이

회	번
문제	풀이

회	번
문제	풀이

회	번
문제	풀이

회	번
문제	풀이

생각해보기 (배운 내용이 모두 이해 되었나요?)

■ 모두 이해하고 자신있다. → 다음 회로 넘어 갑니다.

■ 1~2문제 틀릴 수는 있겠지만 거의 이해한다.
  → 개념부분을 한번 더 읽고 다음 회로 넘어 갑니다.

■ 잘 모르는 것 같다.
  → 개념부분과 틀린문제를 한번 더 보고 다음 회로 넘어 갑니다.

06 받아올림 없는 세자리수×몇 (1)

소리내 읽기

134×2의 계산 ①

134개묶음 2묶음은 134+134=268입니다.

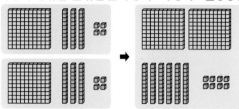

100개씩 2묶음 :	100 + 100 = 100 × 2 = 200
30개씩 2묶음 :	30 + 30 = 30 × 2 = 60
4개씩 2묶음 :	4 + 4 = 4 × 2 = 8
134개씩 2묶음	134 + 134 = 134 × 2 = 268

134×2의 계산 ②

$$
\begin{array}{r} 1\ 3\ 4 \\ \times\qquad 2 \\ \hline 8 \end{array}
\qquad
\begin{array}{r} 1\ 3\ 4 \\ \times\qquad 2 \\ \hline 6\ 8 \end{array}
\qquad
\begin{array}{r} 1\ 3\ 4 \\ \times\qquad 2 \\ \hline 2\ 6\ 8 \end{array}
$$

① 일의 자리 4 × 2 의 값을 일의 자리에 적습니다.

② 십의 자리 3 × 2의 값을 십의 자리에 적습니다.

③ 백의 자리 1 × 2 의 값을 백의 자리에 적습니다.

※ 덧셈, 뺄셈, 곱셈의 계산은 일의 자리부터 계산합니다.

소리내 풀기

각 자리 수끼리 곱한 값을 더하는 방법으로 아래 곱셈을 계산해 보세요.

01.

$300 × 2 = 300 + 300 =$ ☐ 0 0

$20 × 2 = \ 20 + \ 20 =$ ☐ 0

$1 × 2 = \ \ 1 + \ \ 1 =$ ☐

$321 × 2 = 321 + 321 =$ ☐ ☐ ☐

02.

$200 + 200 = 200 × 2 =$ ☐ 0 0

$40 + \ 40 = \ 40 × 2 =$ ☐ 0

$3 + \ \ 3 = \ \ 3 × 2 =$ ☐

$243 + 243 = 243 × 2 =$ ☐ ☐ ☐

03.

$300 × 3 =$ ☐ 0 0

$10 × 3 =$ ☐ 0

$2 × 3 =$ ☐

$312 × 3 =$ ☐ ☐ ☐

04.

$$
\begin{array}{r} 1\ 2\ 1 \\ \times\qquad 2 \\ \hline \end{array}
$$

05.

$$
\begin{array}{r} 3\ 2\ 1 \\ \times\qquad 3 \\ \hline \end{array}
$$

06.

$$
\begin{array}{r} 2\ 1\ 0 \\ \times\qquad 4 \\ \hline \end{array}
$$

07.

$$
\begin{array}{r} 4\ 2\ 1 \\ \times\qquad 2 \\ \hline \end{array}
$$

08.

$$
\begin{array}{r} 3\ 0\ 2 \\ \times\qquad 3 \\ \hline \end{array}
$$

09.

$$
\begin{array}{r} 2\ 1\ 2 \\ \times\qquad 4 \\ \hline \end{array}
$$

10.

$$
\begin{array}{r} 1\ 4\ 3 \\ \times\qquad 2 \\ \hline \end{array}
$$

11.

$$
\begin{array}{r} 2\ 3\ 1 \\ \times\qquad 3 \\ \hline \end{array}
$$

07 받아올림 없는 세자리수×몇 (2)

Mon 월 일
분 초

134×2의 계산 ③

$$134×2 = 4×2 + 30×2 + 100×2$$
$$= \quad 8 + \quad 60 + 200$$
$$= 268$$

① 일의 단위수 4와 2의 × 값
② 십의 단위수 30과 2의 × 값
③ 백의 단위수 1과 2의 × 값을 구한 뒤 모두 합합니다.

※ 백의 단위수부터 곱하고 더해도 되지만, 곱셈, 덧셈, 뺄셈은 일의 단위수부터 계산하는 습관을 가지도록 합니다.^^

134×2의 계산 ④

```
  1 3 4
×     2
      8  ← 4×2  ①
```
```
  1 3 4
×     2
      8
    6 0  ← 30×2  ②
```
```
  1 3 4
×     2
      8
    6 0
  2 0 0  ← 100×2  ③
  2 6 8  ← 8+60+200  ④
```

① 일의 단위수 4와 ×2의 값 8을 적습니다.
② 십의 단위수 30과 ×2의 값 60을 적습니다.
③ 백의 단위수 100과 ×2의 값 200을 적습니다.
④ 8+60+200 값 268을 적으면 값을 구한 것입니다.

각 자리수끼리 곱하고 그 값을 더하는 방법으로 아래 곱셈을 계산하여 값을 구하세요.

01. 231 × 3

= □00×3 + □0×3 + □×3
= □00 + □0 + □
= □□□

02. 314 × 2

= □×2 + □0×2 + □00×2
= □ + □0 + □00
= □□□

03. 120 × 4

= □×4 + □0×4 + □00×4
= □ + □0 + □00
= □□□

04.
```
    4 1 3
×       2
      □
      □ 0
    □ 0 0
    □ □ □
```

05.
```
    2 2 1
×       1
      □
      □ 0
    □ 0 0
    □ □ □
```

06.
```
    2 1 3
×       3
      □
      □ 0
    □ 0 0
    □ □ □
```

07.
```
    2 1 2
×       4
      □
      □ 0
    □ 0 0
    □ □ □
```

08.
```
    1 2 1
×       3
      □
      □ 0
    □ 0 0
    □ □ □
```

09.
```
    1 4 3
×       2
      □
      □ 0
    □ 0 0
    □ □ □
```

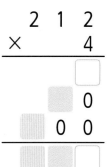

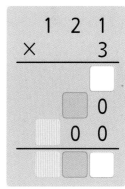

08 받아올림 없는 세 자리수×몇 (연습)

소리내 풀기 아래 곱셈을 푸는 방법을 잘 보고, 빈칸에 알맞은 수를 적으세요.

01. $200 \times 2 = 200 + 200 = \square\square\square$

$40 \times 2 = 40 + 40 = \square\square$

$3 \times 2 = 3 + 3 = \square$

$243 \times 2 = 243 + 243 = \square\square\square$

02. $100 \times 3 = \square\square\square$

$30 \times 3 = \square\square$

$0 \times 3 = \square$

$130 \times 3 = \square\square\square$

03. 321×3

$= \square00 \times 3 + \square0 \times 3 + \square \times 3$

$= \square00 + \square0 + \square$

$= \square\square\square$

04. 432×2

$= \square \times 2 + \square 0 \times 2 + \square 00 \times 2$

$= \square + \square 0 + \square 00$

$= \square\square\square$

05.
$$\begin{array}{r} 1\ 2\ 1 \\ \times\qquad 2 \\ \hline \square\ \square\ \square \end{array}$$

06.
$$\begin{array}{r} 3\ 2\ 1 \\ \times\qquad 3 \\ \hline \square\ \square\ \square \end{array}$$

07.
$$\begin{array}{r} 2\ 2\ 1 \\ \times\qquad 4 \\ \hline \square \\ \square\ 0 \\ \square\ 0\ 0 \\ \hline \square\ \square\ \square \end{array}$$

08.
$$\begin{array}{r} 2\ 1\ 3 \\ \times\qquad 3 \\ \hline \square \\ \square\ 0 \\ \square\ 0\ 0 \\ \hline \square\ \square\ \square \end{array}$$

09.
$$\begin{array}{r} 3\ 0\ 2 \\ \times\qquad 3 \\ \hline \square\ \square\ \square \end{array}$$

10.
$$\begin{array}{r} 2\ 1\ 2 \\ \times\qquad 4 \\ \hline \square\ \square\ \square \end{array}$$

11.
$$\begin{array}{r} 1\ 2\ 1 \\ \times\qquad 3 \\ \hline \square \\ \square\ 0 \\ \square\ 0\ 0 \\ \hline \square\ \square\ \square \end{array}$$

12.
$$\begin{array}{r} 1\ 2\ 4 \\ \times\qquad 2 \\ \hline \square \\ \square\ 0 \\ \square\ 0\ 0 \\ \hline \square\ \square\ \square \end{array}$$

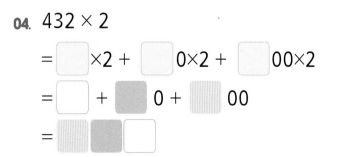

09 받아올림 있는 세자리수×몇 (1)

Mon 월 일
분 초

11 문제 중
문제 맞았어!

136×2의 계산

136개묶음 2묶음은 136+136=272입니다.

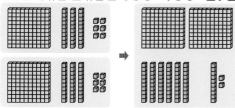

100개씩 2묶음 : 100 + 100 = 100 × 2 = 200
30개씩 2묶음 : 30 + 30 = 30 × 2 = 60
6개씩 2묶음 : 6 + 6 = 6 × 2 = 12
136개씩 2묶음 : 136 + 136 = 136 × 2 = 272

136×2의 계산방법

	1 3 6	1 3 6	1 3 6
×	2	× 2	× 2
	2	7 2	2 7 2

① 일의 자리 6과 ×2 의 값 12에서 일의 자리에 2를 적고 10은 십의 자리에 받아올림을 표시합니다.

② 십의 자리 3과 ×2 의 값에 받아올림한 값을 더해 십의 자리에 적습니다.

③ 백의 자리 1과 ×2 의 값을 백의 자리에 적습니다.

받아올림에 주의하여 아래 곱셈을 계산해 보세요.

01. 100 × 2 = 100 + 100 = ⬚ 0 0
40 × 2 = 40 + 40 = ⬚ 0
7 × 2 = 7 + 7 = ⬚
147 × 2 = 147 + 147 = ⬚ ⬚ ⬚

02. 300 × 3 = ⬚ 0 0
20 × 3 = ⬚ 0
6 × 3 = ⬚
326 × 3 = ⬚ ⬚ ⬚

03. 123 × 4
= ⬚00×4 + ⬚0×4 + ⬚×4
= ⬚00 + ⬚0 + ⬚
= ⬚ ⬚ ⬚

04. 1 2 9 × 2

05. 3 2 4 × 3

06. 2 1 6 × 4

07. 4 2 8 × 2

08. 3 0 6 × 3

09. 2 1 5 × 4

10. 1 4 8 × 2

11. 2 3 7 × 2

소리내 풀기 받아올림에 주의하여 아래 곱셈을 계산하여 값을 구하세요.

01. $400 \times 2 = 400 + 400 =$ ☐ 0 0
$30 \times 2 = 30 + 30 =$ ☐ 0
$9 \times 2 = 9 + 9 =$ ☐
$439 \times 2 = 439 + 439 =$ ☐ ☐ ☐

05.
```
    3  1  7
 ×        2
 _____
   ☐  ☐  ☐
```

10.
```
    2  1  5
 ×        3
 _____
   ☐  ☐  ☐
```

02. $100 \times 4 =$ ☐ 0 0
$20 \times 4 =$ ☐ 0
$6 \times 4 =$ ☐
$126 \times 4 =$ ☐ ☐ ☐

06.
```
    2  0  8
 ×        3
 _____
   ☐  ☐  ☐
```

11.
```
    1  0  7
 ×        4
 _____
   ☐  ☐  ☐
```

03. $100 \times 5 =$ ☐ 0 0
$10 \times 5 =$ ☐ 0
$3 \times 5 =$ ☐
$113 \times 5 =$ ☐ ☐ ☐

07.
```
    1  2  4
 ×        4
 _____
   ☐  ☐  ☐
```

12.
```
    4  3  8
 ×        2
 _____
   ☐  ☐  ☐
```

08.
```
    4  3  6
 ×        2
 _____
   ☐  ☐  ☐
```

13.
```
    3  2  9
 ×        3
 _____
   ☐  ☐  ☐
```

04. 326×2
$=$ ☐$00 \times 2 +$ ☐$0 \times 2 +$ ☐$\times 2$
$=$ ☐$00 +$ ☐$0 +$ ☐
$=$ ☐ ☐ ☐

09.
```
    2  4  9
 ×        2
 _____
   ☐  ☐  ☐
```

14.
```
    1  1  2
 ×        6
 _____
   ☐  ☐  ☐
```

확인 (틀린 문제의 수를 적고, 약한 부분을 보충하세요.)

회차	틀린문제수
06 회	문제
07 회	문제
08 회	문제
09 회	문제
10 회	문제

오답노트 (앞에서 틀린 문제나 기억하고 싶은 문제를 적습니다.)

회	번
문제	풀이

회	번
문제	풀이

회	번
문제	풀이

회	번
문제	풀이

회	번
문제	풀이

생각해보기 (배운 내용이 모두 이해 되었나요?)

■ 모두 이해하고 자신있다. → 다음 회로 넘어 갑니다.

■ 1~2문제 틀릴 수는 있겠지만 거의 이해한다.
→ 개념부분을 한번 더 읽고 다음 회로 넘어 갑니다.

■ 잘 모르는 것 같다.
→ 개념부분과 틀린문제를 한번 더 보고 다음 회로 넘어 갑니다.

11 받아올림 있는 세자리수×몇 (2)

소리내 읽기

163×2의 계산

163개묶음 2묶음은 163+163=326입니다.

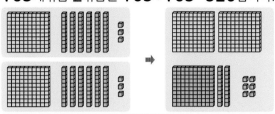

| 100개씩 2묶음 : 100 + 100 = 100 × 2 = 200 ┐ |
| 60개씩 2묶음 : 60 + 60 = 60 × 2 = 120 |
| 3개씩 2묶음 : 3 + 3 = 3 × 2 = 6 ├ + |
| 163개씩 2묶음 : 163 + 163 = 163 × 2 = 326 ┘ |

163×2의 계산방법

```
    1 6 3        1 6 3¹        ¹1 6 3
  ×     2      ×     2       ×     2
  ───────      ───────       ───────
        6          2 6         3 2 6
```

① 일의 자리 3과 ×2의 값 6을 일의 자리에 적습니다.

② 십의 자리 6과 ×2의 값 12에서 십의 자리에 2를 적고 10은 십의 자리에 받아올림 표시합니다.

③ 백의 자리 1과 ×2의 값에 십의 자리에서 받아올림한 수 1을 더한 수 3을 백의 자리에 적습니다.

소리내 풀기

받아올림에 주의하여 아래 곱셈을 계산하세요.

01.
300 × 2 = 300 + 300 = ☐ 0 0
70 × 2 = 70 + 70 = ☐ 0
4 × 2 = 4 + 4 = ☐
374 × 2 = 374 + 374 = ☐ ☐ ☐

02.
200 × 3 = ☐ 0 0
80 × 3 = ☐ 0
3 × 3 = ☐
283 × 3 = ☐ ☐ ☐

03. 292 × 2
= ☐00×2 + ☐0×2 + ☐×2
= ☐00 + ☐0 + ☐
= ☐ ☐ ☐

04.
```
    1 7 3
  ×     2
  ───────
```

05.
```
    2 5 2
  ×     3
  ───────
```

06.
```
    2 4 1
  ×     4
  ───────
```

07.
```
    3 9 4
  ×     2
  ───────
```

08.
```
    2 8 3
  ×     3
  ───────
```

09.
```
    1 7 2
  ×     4
  ───────
```

10.
```
    4 9 0
  ×     2
  ───────
```

11.
```
    2 6 1
  ×     3
  ───────
```

🍎 곱셈을 계산하는 방법을 잘 생각해서 아래 빈칸에 알맞은 수를 적으세요.

01.
$200 \times 2 = 200 + 200 = $ ☐ 0 0
$60 \times 2 = 60 + 60 = $ ☐ 0
$3 \times 2 = 3 + 3 = $ ☐
$263 \times 2 = 263 + 263 = $ ☐ ☐ ☐

02.
$100 \times 3 = $ ☐ 0 0
$50 \times 3 = $ ☐ 0
$3 \times 3 = $ ☐
$153 \times 3 = $ ☐ ☐

03.
$200 \times 4 = $ ☐ 0 0
$40 \times 4 = $ ☐ 0
$2 \times 4 = $ ☐
$242 \times 4 = $ ☐ ☐

04. 172×3
$= $ ☐ $00 \times 3 + $ ☐ $0 \times 3 + $ ☐ $\times 3$
$= $ ☐ $00 + $ ☐ $0 + $ ☐
$= $ ☐ ☐ ☐

05.
```
    2 6 1
  ×     3
  ───────
```

06.
```
    3 8 4
  ×     2
  ───────
```

07.
```
    1 7 2
  ×     4
  ───────
```

08.
```
    1 5 0
  ×     5
  ───────
```

09.
```
    4 6 3
  ×     2
  ───────
```

10.
```
    1 4 1
  ×     6
  ───────
```

11.
```
    1 7 2
  ×     3
  ───────
```

12.
```
    4 9 3
  ×     2
  ───────
```

13.
```
    1 2 1
  ×     8
  ───────
```

14.
```
    2 5 3
  ×     3
  ───────
```

13 받아올림 있는 세자리수×몇 (3)

 167×2의 계산

167개묶음 2묶음은 167+167=334입니다.

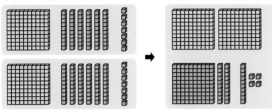

100개씩 2묶음 :	100 + 100 =	100 × 2 =	200
60개씩 2묶음 :	60 + 60 =	60 × 2 =	120
7개씩 2묶음 :	7 + 7 =	7 × 2 =	14
167개씩 2묶음 :	167 + 167 =	167 × 2 =	334

167×2의 계산방법

```
    1
  1 6 7
×     2
      4
```

```
  1 1
  1 6 7
×     2
    3 4
```

```
  1 1
  1 6 7
×     2
  3 3 4
```

① 일의 자리 7과 ×2
의 값 14에서 일의
자리에 4를 적고
10은 십의 자리에
받아올림을 표시합니다.

② 십의 자리 6과 ×2
의 값에 받아올림한
수 1을 더해 13에서
십의 자리에 3를 적고
10은 받아올림합니다.

③ 백의 자리 1과 ×2의
값에 십의 자리에서
받아올림한 수 1을
더한 수 3을 백의
자리에 적습니다.

 받아올림에 주의하여 아래 곱셈을 계산해 보세요.

01.

300 × 2 = 300 + 300 = [ ] 0 0

80 × 2 = 80 + 80 = [ ] 0

9 × 2 = 9 + 9 = [ ]

389 × 2 = 389 + 389 = [ ] [ ] [ ]

02.

600 × 3 = [ ] 0 0

80 × 3 = [ ] 0

5 × 3 = [ ]

685 × 3 = [ ] [ ] [ ]

03. 158 × 3

= [ ]00×3 + [ ]0×3 + [ ]×3

= [ ]00 + [ ]0 + [ ]

= [ ] [ ] [ ]

04.
```
  2 4 6
×     4
```

05.
```
  2 3 5
×     3
```

06.
```
  1 8 9
×     4
```

07.
```
  3 5 8
×     2
```

08.
```
  2 2 5
×     5
```

09.
```
  5 9 4
×     7
```

10.
```
  7 1 6
×     8
```

11.
```
  6 5 4
×     6
```

26

14 받아올림 있는 세 자리 수×몇 (연습3)

Mon 월 일
분 초

곱셈하는 방법을 잘 생각해서 아래 문제를 풀어보세요.

01.
$200 \times 2 = 200 + 200 =$ ☐ 0 0
$50 \times 2 = 50 + 50 =$ ☐ 0
$6 \times 2 = 6 + 6 =$ ☐
$256 \times 2 = 256 + 256 =$ ☐ ☐ ☐

02.
$200 \times 3 =$ ☐ 0 0
$80 \times 3 =$ ☐ 0
$7 \times 3 =$ ☐
$287 \times 3 =$ ☐ ☐ ☐

03.
$600 \times 4 =$ ☐ ☐ ☐
$50 \times 4 =$ ☐ ☐
$4 \times 4 =$ ☐
$654 \times 4 =$ ☐ ☐ ☐

04.
163×5
$= $ ☐ $00 \times 5 +$ ☐ $0 \times 5 +$ ☐ $\times 5$
$= $ ☐ $00 +$ ☐ $0 +$ ☐
$= $ ☐ ☐ ☐

05.
```
      4 3 4
  ×       8
  ─────────
```

06.
```
      1 9 5
  ×       6
  ─────────
```

07.
```
      4 7 6
  ×       2
  ─────────
```

08.
```
      3 6 8
  ×       5
  ─────────
```

09.
```
      7 9 7
  ×       4
  ─────────
```

10.
```
      9 3 2
  ×       7
  ─────────
```

11.
```
      6 8 9
  ×       4
  ─────────
```

12.
```
      6 4 4
  ×       3
  ─────────
```

13.
```
      3 1 5
  ×       9
  ─────────
```

14.
```
      2 8 9
  ×       6
  ─────────
```

이어서 나는 ☐ 을(를) 공부/연습할거야!!

15 곱하기 (생각문제1)

문제) 우리반 학생 **34**명에게 체육대회 우승 기념으로 공책 **6**권씩 준다고 합니다. 공책은 몇 권이 필요할까요?

풀이) 우리반 학생수 = **34**명   1명당 공책 수 = **6**권

전체 공책 수 = 우리반 학생수 × 1명당 공책수 이므로

식은 **34×6**이고 값은 **204**입니다.

따라서 필요한 공책 수는 **204**권 입니다.

식) **34×6**   답) **204**권

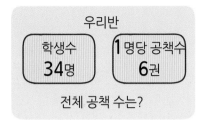

우리반

학생수 **34**명   1명당 공책수 **6**권

전체 공책 수는?

아래의 문제를 풀어보세요.

01. 어버이날 선물로 종이학을 접어 드리려고 합니다. 하루에 **45**개씩 **9**일동안 접으면 몇 개를 접게 될까요?

풀이) 하루에 접는 종이학 수 = ☐ 개

종이학 접는 일수 = ☐ 일

전체 종이학 수 = 하루에 접는 종이학수 ☐ 접는 일수

이므로 식은 ☐ 이고

답은 ☐ 개 입니다.

식) _____   답) ☐ 개

02. 우리 학년은 **53**모둠이 **6**명씩 이루워져 있습니다. 우리 학년은 모두 몇 명일까요?

풀이) 모둠 수 = ☐ 모둠

1모둠당 학생 수 = ☐ 명

우리학년 학생 수 = 모둠수 ☐ 1모둠당 학생 수

이므로 식은 ☐ 이고

답은 ☐ 명 입니다.

식) _____   답) ☐ 명

03. 영어단어 공부를 하기로 해서, 하루에 **28**개씩 배우기로 했습니다. **5**일간 배운다면 단어 몇개를 배웠을까요?

(식 2점
답 1점)

풀이)

식) _____   답) ☐ 개

04. 내가 문제를 만들어 풀어 봅니다. (2자리수의 곱셈)

풀이)

(문제 2점
식 2점
답 1점)

식) _____   답)

확인 (틀린 문제의 수를 적고, 약한 부분을 보충하세요.)

회차	틀린문제수
11 회	문제
12 회	문제
13 회	문제
14 회	문제
15 회	문제

오답노트 (앞에서 틀린 문제나 기억하고 싶은 문제를 적습니다.)

회	번
문제	풀이

회	번
문제	풀이

회	번
문제	풀이

회	번
문제	풀이

회	번
문제	풀이

생각해보기 (배운 내용이 모두 이해 되었나요?)

■ 모두 이해하고 자신있다. → 다음 회로 넘어 갑니다.

■ 1~2문제 틀릴 수는 있겠지만 거의 이해한다.
→ 개념부분을 한번 더 읽고 다음 회로 넘어 갑니다.

■ 잘 모르는 것 같다.
→ 개념부분과 틀린문제를 한번 더 보고 다음 회로 넘어 갑니다.

16 몇십몇×몇을 바로 계산하기 (1)

17×3의 바로 계산

① **일**의 자리를 먼저 계산해서 일의 자리에 적습니다.
받아올림이 있으면 십의 자리에 작게 표시합니다.

$$1\ 7 \times 3 = \overset{2}{\diagup}\ 1$$

① 7×3=21

② **십**의 자리 수를 곱하는 수와 곱하고,
받아올림한 수와 더하여 십의 자리에 적습니다.

$$\underset{}{1\ 7} \times 3 = \overset{2}{5}\ 1$$

② 1×3=3+ 받아올림한 2 = 5

간단한 곱셈은 앞으로 바로 계산하는 연습을 합니다.

01. $24 \times 4 = \square\ \square$

02. $36 \times 2 = \square\ \square$

03. $25 \times 3 = \square\ \square$

04. $48 \times 2 = \square\ \square$

05. $13 \times 5 = \square\ \square$

06. $29 \times 2 = \square\ \square$

07. $16 \times 4 = \square\ \square$

08. $12 \times 8 = \square\ \square$

09. $37 \times 2 = \square\ \square$

10. $15 \times 6 = \square\ \square$

※ 수학은 문제를 간단한 방법으로 정확히 푸는 방법을 배우는 과목입니다.
세로셈이 가장 편하고 정확할 수 있지만 간단한 문제는 바로 계산하도록 합니다. 같이 연습해 보아요^^

17 몇십몇×몇을 바로 계산하기 (1)

67×3의 바로 계산

① **일**의 자리를 먼저 계산해서 일의 자리에 적습니다.

받아올림이 있으면 십의 자리에 작게 표시합니다.

$$6\,7 \times 3 = {}^{\overset{2}{\diagup}}1$$

① 7×3=21

② **십**의 자리 수를 곱하는 수와 곱하고,

받아올림한 수와 더하여 십의 자리에 적습니다.

$$6\,7 \times 3 = \overset{2}{2}\,0\,1$$

② 6×3=18+받아올림한 2=20

받아올림에 주의하여 아래 곱셈을 계산해 봅니다.

01. $2\,4 \times 5 = $ ☐☐ ☐

06. $2\,7 \times 9 = $ ☐☐ ☐

02. $5\,9 \times 6 = $ ☐☐ ☐

07. $8\,9 \times 5 = $ ☐☐ ☐

03. $3\,4 \times 8 = $ ☐☐ ☐

08. $1\,5 \times 7 = $ ☐☐ ☐

04. $9\,6 \times 5 = $ ☐☐ ☐

09. $4\,2 \times 6 = $ ☐☐ ☐

05. $8\,5 \times 7 = $ ☐☐ ☐

10. $5\,8 \times 3 = $ ☐☐ ☐

18 세 자리수×몇을 바로 계산하기 (1)

247×3의 바로 계산

① **일**의 자리를 계산합니다.

$$2\,4\,\underline{7}\times 3 = \overset{2}{\diagup}\,1$$

① 7×3 = 21

① 일의 자리와 곱한 값의
일의 자리수만 적습니다.

② **십**의 자리를 계산합니다.

$$2\,\underline{4}\,7\times 3 = \overset{1\;2}{\diagup}4\,1$$

② 4×3 = 12 + 받아올림한 2 = 14

② 십의 자리와 곱한 값과
일의 자리에서 올라온 값을
더해서 십의 자리수만 적습니다.

③ **백**의 자리 수를 계산합니다.

$$\underline{2}\,4\,7\times 3 = \overset{1\;2}{7}4\,1$$

③ 2×3 = 6 + 받아올림한 1 = 7

③ 백의 자리와 곱한 값과
십의 자리에서 올라온 값을
더해서 백의 자리에 적습니다.

받아올림이 계속 있습니다. 천천히 정확하게 계산해 보도록 합니다.

01. $365 \times 2 = $ ☐ ☐ ☐

02. $294 \times 3 = $ ☐ ☐ ☐

03. $178 \times 4 = $ ☐ ☐ ☐

04. $127 \times 7 = $ ☐ ☐ ☐

05. $459 \times 2 = $ ☐ ☐ ☐

06. $183 \times 5 = $ ☐ ☐ ☐

19 세 자리수 × 몇을 바로 계산하기 (2)

이어서 나는 ____을(를) 공부/연습할거야!!

547 × 3의 바로 계산

① **일**의 자리를 계산합니다.

$$5\ 4\ 7 \times 3 = \overset{2}{\diagup}1$$

① 7 × 3 = 21

① 일의 자리와 곱한 값의
일의 자리수만 적습니다.

① **십**의 자리를 계산합니다.

$$5\ 4\ 7 \times 3 = \overset{1\ \ 2}{\diagup}4\ 1$$

② 4 × 3 = 12 + 받아올림한 2 = 14

② 십의 자리와 곱한 값과
일의 자리에서 올라온 값을
더해서 십의 자리수만 적습니다.

③ **백**의 자리 수를 계산합니다.

$$5\ 4\ 7 \times 3 = 1\overset{1\ \ 2}{6}\ 4\ 1$$

② 5 × 3 = 15 + 받아올림한 1 = 16

② 백의 자리와 곱한 값과
십의 자리에서 올라온 값을
더해서 백의 자리에 적습니다.

각 자리수의 곱에 받아올림된 수를 잘 더해서 아래 곱셈을 풀어보세요.

01. 366 × 4 = ☐☐☐☐

02. 538 × 6 = ☐☐☐☐

03. 349 × 7 = ☐☐☐☐

04. 465 × 3 = ☐☐☐☐

05. 279 × 5 = ☐☐☐☐

06. 132 × 8 = ☐☐☐☐

월 일
분 초

8 문제 중
문제 맞

 소리내 풀기 아래 곱셈문제를 풀어 값을 구하세요.

01. 3 9 3 × 3 =

02. 4 7 8 × 2 =

03. 2 5 5 × 4 =

04. 3 9 6 × 6 =

05. 2 8 3 × 5 =

06. 7 9 4 × 8 =

07. 4 9 2 × 7 =

08. 2 8 4 × 3 =

확인 (틀린 문제의 수를 적고, 약한 부분을 보충하세요.)

회차	틀린문제수
16 회	문제
17 회	문제
18 회	문제
19 회	문제
20 회	문제

오답노트 (앞에서 틀린 문제나 기억하고 싶은 문제를 적습니다.)

회	번
문제	풀이

회	번
문제	풀이

회	번
문제	풀이

회	번
문제	풀이

회	번
문제	풀이

생각해보기 (배운 내용이 모두 이해되었나요?)

■ 모두 이해하고 자신있다. → 다음 회로 넘어 갑니다.

■ 1~2문제 틀릴 수는 있겠지만 거의 이해한다.
　→ 개념부분을 한번 더 읽고 다음 회로 넘어 갑니다.

■ 잘 모르는 것 같다.
　→ 개념부분과 틀린문제를 한번 더 보고 다음 회로 넘어 갑니다.

30×40의 계산 ① (10배, 100배)

30×4=120이고, 30×40=1200입니다.

| 3 × 4 = 12 |
| 30 × 4 = 120 |
| 30 × 40 = 1200 |

10배

10배

※ 앞의 수 3과 4를 곱한 후 0의 갯수만큼 0을 붙여 줍니다.

30×40의 계산 ② (세로셈)

```
      3 0
  ×   4 0
  ─────────
      0 0
```

```
      3 0
  ×   4 0
  ─────────
  1 2 0 0
```

① 두 수에 있는 0의 수 만큼 일의 자리 부터 적습니다.

② 앞의 수를 곱하여 앞에 적습니다.

※ 앞의 수 3과 4를 곱한 후 0이 있는 수만큼 붙여 줘도 됩니다.

위의 내용을 잘 이해하고 아래 문제를 풀어보세요.

01.
4 × 9 = ☐
40 × 9 = ☐☐
4 × 90 = ☐☐
40 × 90 = ☐☐☐

02. 50 × 70 = 50 × 7 × ☐
= ☐ × ☐
= ☐

03. 60 × 80 = 6 × 8 × ☐
= ☐ × ☐
= ☐☐☐

04. 70 × 30 = ☐☐☐

05.
```
    7 0
  × 4 0
  ───────
```

06.
```
    3 0
  × 6 0
  ───────
```

07.
```
    2 0
  × 9 0
  ───────
```

08.
```
    4 0
  × 3 0
  ───────
```

09.
```
    8 0
  × 6 0
  ───────
```

10.
```
    5 0
  × 5 0
  ───────
```

11.
```
    7 0
  × 8 0
  ───────
```

12.
```
    9 0
  × 3 0
  ───────
```

22 몇십몇×몇십

월 일
분 초

12 문제 중
문제 맞았어!

13×40의 계산 ① (10배, 100배)

$13 \times 4 = 52$입니다. $13 \times 40 = 520$입니다.

$$13 \times 4 \quad = 52$$

10배

$$13 \times 40 = 520$$

※ 4를 곱하는 것과 40을 곱하는 것은
10배를 더 곱하는 것이므로
값도 10배가 더 커집 니 다.

13×40의 계산 ② (세로셈)

```
    1 3
  ×   4 0
        0
```

```
    1 3
  ×   4 0
    5 2 0
```

① 두 수에 있는 0의 수
만큼 일의 자리 부터
적습니다.

② 앞의 수를 곱하여
앞에 적습니다.

※ 앞의 수 13과 4를 곱한 후
0이 있는 수만큼 붙여 줘도
됩니다.

위의 내용을 잘 이해하고, 아래 문제를 풀어보세요. 0의 개수와 위치를 잘 보세요.^^

01. $17 \times 2 = $ ☐

$17 \times 20 = $ ☐☐

02. $32 \times 3 = $ ☐

$32 \times 30 = $ ☐☐

03. $15 \times 50 = 15 \times 5 \times $ ☐

$= $ ☐ $\times$ ☐

$= $ ☐☐

04. $24 \times 40 = 24 \times 4 \times $ ☐

$= $ ☐ $\times$ ☐

$= $ ☐☐

05.
```
    2 1
  ×   4 0
```
☐☐

06.
```
    1 6
  ×   3 0
```
☐☐

07.
```
    3 4
  ×   2 0
```
☐☐

08.
```
    2 3
  ×   1 0
```
☐☐

09.
```
    3 2
  ×   2 0
```
☐☐

10.
```
    1 8
  ×   4 0
```
☐☐

11.
```
    2 5
  ×   3 0
```
☐☐

12.
```
    4 1
  ×   2 0
```
☐☐

※ $50 = 5 \times 10$ → 0이 1개인 수는 10
$500 = 5 \times 100$ → 0이 2개인 수는 100

이어서 나는 ☐☐☐☐ 을(를) 공부/연습할거야!! **37**

 소리내 풀기

아래 문제를 잘 계산해서 반칸에 알맞은 수를 적으세요.

01. $8 \times 6 =$ ☐
$80 \times 6 =$ ☐☐
$8 \times 60 =$ ☐☐
$80 \times 60 =$ ☐☐☐

02. $40 \times 90 = 4 \times 9 \times$ ☐
$=$ ☐ $\times$ ☐
$=$ ☐☐☐

03. $36 \times 2 =$ ☐
$36 \times 20 =$ ☐☐

04. $28 \times 30 = 28 \times 3 \times$ ☐
$=$ ☐ $\times$ ☐
$=$ ☐☐

05. $42 \times 10 =$ ☐☐

06.
$$\begin{array}{r} 2\ 0 \\ \times\ 7\ 0 \\ \hline \square\ \square\ \square \end{array}$$

07.
$$\begin{array}{r} 9\ 0 \\ \times\ 3\ 0 \\ \hline \square\ \square\ \square \end{array}$$

08.
$$\begin{array}{r} 5\ 0 \\ \times\ 7\ 0 \\ \hline \square\ \square\ \square \end{array}$$

09.
$$\begin{array}{r} 3\ 0 \\ \times\ 4\ 0 \\ \hline \square\ \square\ \square \end{array}$$

10.
$$\begin{array}{r} 7\ 0 \\ \times\ 6\ 0 \\ \hline \square\ \square\ \square \end{array}$$

11.
$$\begin{array}{r} 2\ 6 \\ \times\ 2\ 0 \\ \hline \square\ \square \end{array}$$

12.
$$\begin{array}{r} 3\ 2 \\ \times\ 3\ 0 \\ \hline \square\ \square \end{array}$$

13.
$$\begin{array}{r} 1\ 8 \\ \times\ 5\ 0 \\ \hline \square\ \square \end{array}$$

14.
$$\begin{array}{r} 4\ 3 \\ \times\ 2\ 0 \\ \hline \square\ \square \end{array}$$

15.
$$\begin{array}{r} 1\ 8 \\ \times\ 4\ 0 \\ \hline \square\ \square \end{array}$$

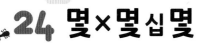 **24 몇×몇십몇**

 3×24의 계산 ①

3 × 24 = 3×4 + 3×20으로 계산합니다.

$$3 \times 24 = 3 \times 4 + 3 \times 20$$
$$= 12 + 60$$
$$= 72$$

※ 곱하기는 덧셈과 같이 순서가 바뀌어도 값이 같습니다.
3×24를 24×3으로 바꿔서 계산해도 되지만,
수학은 간단하고 빠르게 계산하는 과목이므로
위와 같은 방법으로 계산하도록 합니다.

3×24의 계산 ② (세로셈)

```
      1
      3
 ×  2 4
 ─────
      2
```

```
      1
      3
 ×  2 4
 ─────
    7 2
```

① 3과 × 일의 자리 4의 값 12에서 일의 자리에 2를 적고 10은 십의 자리에 받아 올림을 표시합니다.

② 3과 × 십의 자리 2의 값 6에 받아 올림 한 수 1을 더해 7을 십의 자리에 적습니다.

십의 자리와 일의 자리로 갈라서 따로따로 곱해서, 더하는 방법으로 풀어보세요.

01.
2 × 6 = ▢
2 × 30 = ▢
2 × 36 = 2 × 6 + 2 × 30
= ▢ + ▢
= ▢

02.
3 × 5 = ▢
3 × 20 = ▢
3 × 25 = ▢

03.
4 × 23 = 4 × 3 + 4 × 20
= ▢ + ▢
= ▢

04.
```
      5
 ×  1 7
 ─────
```

05.
```
      4
 ×  2 4
 ─────
```

06.
```
      2
 ×  3 6
 ─────
```

07.
```
      6
 ×  1 4
 ─────
```

08.
```
      2
 ×  3 8
 ─────
```

09.
```
      3
 ×  2 9
 ─────
```

10.
```
      5
 ×  1 7
 ─────
```

11.
```
      4
 ×  1 6
 ─────
```

※ 덧셈과 곱셈은 순서가 바뀌어도 값이 같습니다. (■+○=○ + ■, ■ × ○=○ × ■)

25 몇십몇의 곱셈 (연습2)

 소리내 풀기

아래 식을 계산하여 값을 적으세요.

01. $70 \times 30 =$ [ ]

02. $40 \times 20 =$ [ ]

03. $30 \times 90 =$ [ ]

04. $50 \times 40 =$ [ ]

05. $80 \times 90 =$ [ ]

06. $39 \times 20 =$ [ ]

07. $27 \times 30 =$ [ ]

08. $14 \times 50 =$ [ ]

09. $21 \times 40 =$ [ ]

10. $43 \times 20 =$ [ ]

11. $4 \times 23 =$ [ ]

12. $2 \times 27 =$ [ ]

13. $3 \times 18 =$ [ ]

14. $6 \times 16 =$ [ ]

15. $4 \times 19 =$ [ ]

확인 (틀린 문제의 수를 적고, 약한 부분을 보충하세요.)

회차	틀린문제수
21 회	문제
22 회	문제
23 회	문제
24 회	문제
25 회	문제

생각해보기 (배운 내용이 모두 이해되었나요?)

■ 모두 이해하고 자신있다. → 다음 회로 넘어 갑니다.

■ 1~2문제 틀릴 수는 있겠지만 거의 이해한다.
→　　　　을 한번 더 읽고 다음 회로 넘어 갑니다.

■ 잘 모르는 것 같다.
→　　　　과 틀린문제를 한번 더 보고 다음 회로 넘어 갑니다.

오답노트 (앞에서 틀린 문제나 기억하고 싶은 문제를 적습니다.)

회	번
문제	풀이

회	번
문제	풀이

회	번
문제	풀이

회	번
문제	풀이

회	번
문제	풀이

소리내 읽기

23×14의 계산 ①

23 × 14 = 23×4 + 23×10으로 계산합니다.

$$23×14 = 23×4 + 23×10$$
$$3×24 \quad = 20×4+3×4 + 20×10+3×10$$
$$3×24 \quad = 80 + 12 + 200 + 30$$
$$3×24 \quad = 92 + 230 = 322$$

※ 23 × 14를 구할 때는 14는 10과 4가 모인 수이므로
23 × 4를 구한 값에 23 ×10의 값을 구해 더합니다.

23×14의 계산 ② (세로셈)

```
    2 3          2 3          2 3
  ×　1 4       ×　1 4       ×　1 4
    9 2          9 2          9 2
               2 3 0        2 3 0
                            3 2 2
```

① 23과 × 일의 자리 4의 값 92를 자리에 맞춰 씁니다.

② 23과 십의 자리 10의 값 230을 자리에 맞춰 씁니다.

② 92 + 230의 값 322를 자리에 맞춰 씁니다.

소리내 풀기

뒤의 수를 일의 자리와 십의 자리로 갈라서 계산하는 방법으로 아래를 계산해 보세요.

01. 31 × 2 = ☐

31 × 10 = ☐

31 × 12 = 31 × 2 + 31 × 10

= ☐ + ☐

= ☐

02. 17 × 3 = ☐

17 × 40 = ☐

17 × 43 = ☐

03. 25 × 13 = 25 × 3 + 25 × 10

= ☐ + ☐

= ☐

04.
```
      1 2
  ×   3 6
  ─────────
    ☐        ← 12 × 6
    ☐        ← 12 × 30
  ─────────
    ☐        ← ☐ + ☐
```
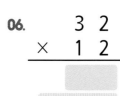

05.
```
      4 2
  ×   2 1
  ─────────
    ☐
    ☐
  ─────────
    ☐
```

06.
```
      3 2
  ×   1 2
  ─────────
    ☐
    ☐
  ─────────
    ☐
```

07.
```
      2 7
  ×   2 3
  ─────────
    ☐
    ☐
  ─────────
    ☐
```
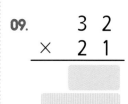

08.
```
      1 5
  ×   5 4
  ─────────
    ☐
    ☐
  ─────────
    ☐
```

09.
```
      3 2
  ×   2 1
  ─────────
    ☐
    ☐
  ─────────
    ☐
```

27 몇십몇 × 몇십몇 (연습1)

아래는 두자리수와 두자리수의 곱셈을 계산하는 문제입니다. 빈칸에 알맞은 수를 적으세요.

01. 31 × 3 =
31 × 20 =
31 × 23 = 31 × 3 + 31 × 20
= ☐ + ☐
= ☐

02. 25 × 1 =
25 × 30 =
25 × 31 =

03. 14 × 45 = 14 × 5 + 14 × 40
= ☐ + ☐
= ☐

04. 28 × 33 = 28 × 3 + 28 × 30
= ☐ + ☐
= ☐

05.
```
    4 7
×   1 2
```
← 47×2
← 47×10
← ☐ + ☐

06.
```
    3 6
×   2 1
```

07.
```
    1 9
×   4 5
```

08.
```
    6 5
×   1 1
```

09.
```
    2 9
×   2 3
```

10.
```
    1 2
×   3 2
```

11.
```
    3 1
×   2 3
```

12.
```
    2 4
×   1 4
```

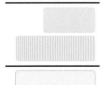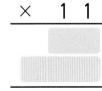

이어서 나는 ☐ 을(를) 공부/연습할거야!! 43

28 몇십몇 × 몇십몇 (2)

소리내 읽기

36×24의 계산 ①

36 × 24 = 36×4 + 36×20으로 계산합니다.

36×24 = 36×4 + 36×20

3×24 = 30×4+6×4 + 30×20+6×20

3×24 = 120+24 + 600+120

3×24 = 144+ 720 = 864

※ 36 × 24를 구할 때는 24는 20과 4가 모인 수이므로
36 × 4를 구한 값에 36 ×20의 값을 구해 더합니다.

36×24의 계산 ② (세로셈)

```
    3 6        3 6        3 6
  × 2 4      × 2 4      × 2 4
  ───────    ───────    ───────
  1 4 4      1 4 4      1 4 4
             7 2 0      7 2 0
                        ───────
                        8 6 4
```

① 36과 × 일의 자리 4의 값 144를 자리에 맞춰 씁니다.

② 36과 십의 자리 20의 값 720을 자리에 맞춰 씁니다.

② 144 + 720의 값 864를 자리에 맞춰 씁니다.

소리내 풀기

위의 내용을 잘 이해하고 아래 문제를 풀어보세요.

01.

31 × 5 = ☐

31 × 10 = ☐

31 × 15 = 31 × 5 + 31 × 10

= ☐ + ☐

= ☐

02.

17 × 4 = ☐

17 × 10 = ☐

17 × 14 = ☐

03.

35 × 25 = 35 × 5 + 35 × 20

= ☐ + ☐

= ☐

04.

```
    2 1
  × 3 7
  ───────
  ☐           ← 21 × 7
  ☐           ← 21 × 30
  ───────
  ☐           ← ☐ + ☐
```

05.

```
    1 2
  × 4 9
  ───────
  ☐
  ☐
  ───────
  ☐
```

06.

```
    7 6
  × 1 3
  ───────
  ☐
  ☐
  ───────
  ☐
```

07.

```
    5 3
  × 1 6
  ───────
  ☐
  ☐
  ───────
  ☐
```

08.

```
    3 7
  × 2 3
  ───────
  ☐
  ☐
  ───────
  ☐
```

09.

```
    2 9
  × 2 8
  ───────
  ☐
  ☐
  ───────
  ☐
```

 아래 문제는 두 자리수와 두 자리수의 곱셈을 계산하는 것입니다. 빈칸에 알맞은 수를 적으세요.

01.
$27 \times 6 =$ ▢
$27 \times 10 =$ ▢
$27 \times 16 = 27 \times 6 + 27 \times 10$
$= ▢ + ▢$
$= ▢$

02.
$34 \times 5 =$ ▢
$34 \times 20 =$ ▢
$34 \times 25 =$ ▢

03.
$16 \times 17 = 16 \times 7 + 16 \times 10$
$= ▢ + ▢$
$= ▢$

04.
$24 \times 28 = 24 \times 8 + 24 \times 20$
$= ▢ + ▢$
$= ▢$

05.
```
      7 2
  ×   1 3
  ─────────
              ← 72 × 3
              ← 72 × 10
  ─────────
              ← ▢ + ▢
```

06.
```
      4 2
  ×   2 3
  ─────────

  ─────────
```

07.
```
      2 8
  ×   1 8
  ─────────

  ─────────
```

08.
```
      5 4
  ×   1 7
  ─────────

  ─────────
```

09.
```
      1 9
  ×   3 6
  ─────────

  ─────────
```

10.
```
      3 7
  ×   2 4
  ─────────

  ─────────
```

11.
```
      2 1
  ×   4 7
  ─────────

  ─────────
```

12.
```
      6 4
  ×   1 4
  ─────────

  ─────────
```

※ 두 자리수와 두 자리수의 곱셈은 4자리수까지 나올 수 있습니다.
아직 4자리수의 덧셈을 배우지 않았기 때문에 이번에는 답이 3자리수인 곱셈까지 배웁니다.

30 곱하기 (생각문제2)

문제) 우리 동네 자전거 공장은 하루에 **237**대를 만든다고 합니다. 월요일부터 금요일까지 만들면 모두 몇 대를 만들까요?

풀이) 하루에 만드는 수 = 237 대   만든 날 수 = 5

전체 자전거 수 = 하루에 만드는 수 × 만든 날 수 이므로

식은 237×5이고 값은 1185 입니다.

따라서 전체 자전거 수는 1185대 입니다.

식) 237×5   답) 1185대

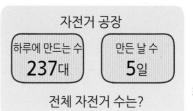

자전거 공장

하루에 만드는 수	만든 날 수
237대	5일

전체 자전거 수는?

※ 월, 화, 수, 목, 금
5일입니다.

 아래의 문제를 풀어보세요.

01. 전교생에게 간식으로 줄 빵을 샀습니다. **150**개씩 들어있는 상자를 **8**상자 샀다면, 모두 몇 개를 산것 일까요?

풀이) 1상자에 들어는 빵 수 = ☐ 개

상자 수 = ☐ 개

전체 빵 수 = 1상자 들어있는 빵 수 ☐ 상자 수

이므로 식은 ☐ 이고

답은 ☐ 개 입니다.

식) _____   답) _____ 개

02. 가게에 마음에 드는 공책이 있어서 **6**권 샀습니다. 1권에 **930**원이라면 가게 주인에게 얼마를 줘야 할까요?

※ 잔돈이 없다고 해서
딱 맞춰 줘야합니다.

풀이) 1권당 가격 = ☐ 원

산 공책 수 = ☐ 권

전체 가격 = 1권당 가격 ☐ 1산 공책 수 이므로

식은 ☐ 이고

답은 ☐ 원 입니다.

식) _____   답) _____ 원

03. 우리집에서 편의점까지 **235**m라고 합니다. 과자를 사러 걸어서 갔다오면 몇 m를 걸은 걸까요?

(식 2점
답 1점)

풀이)

※ 몇 m라고 물으면
값 뒤에 m를
꼭 붙여 줍니다.
안붙이면
틀린 답입니다.

식) _____   답) _____

04. 내가 문제를 만들어 풀어 봅니다. (3자리수의 곱셈)

(문제 2점
식 2점
답 1점)

풀이)

식) _____   답) _____

확인 (틀린 문제의 수를 적고, 약한 부분을 보충하세요.)

회차	틀린문제수
26 회	문제
27 회	문제
28 회	문제
29 회	문제
30 회	문제

오답노트 (앞에서 틀린 문제나 기억하고 싶은 문제를 적습니다.)

회	번
문제	풀이

회	번
문제	풀이

회	번
문제	풀이

회	번
문제	풀이

회	번
문제	풀이

생각해보기 (배운 내용이 모두 이해 되었나요?)

■ 모두 이해하고 자신있다. → 다음 회로 넘어 갑니다.

■ 1~2문제 틀릴 수는 있겠지만 거의 이해한다.
→ 개념부분을 한번 더 읽고 다음 회로 넘어 갑니다.

■ 잘 모르는 것 같다.
→ 개념부분과 틀린문제를 한번 더 보고 다음 회로 넘어 갑니다.

24 ÷ 8 의 몫 구하기

나눗셈의 몫은 곱셈구구를 외우면서 구합니다.

나누는 수인 8의 곱셈구구을 외우다가 24가 나오는 값이 몫이 됩니다.

$$8 \times 1 = 8$$
$$8 \times 2 = 16$$
$$8 \times 3 = 24$$
$$8 \times 4 = 32$$

곱셈식을 나눗셈 식으로 바꾸면

$$24 \div 8 = 3$$

그래서 몫은 3이 됩니다.

나눗셈을 밑(세로)으로 몫 구하기

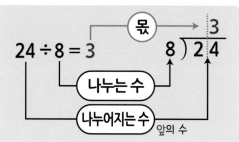

몫을 적을때는 자리수에 맞춰 적습니다.

식에서 앞의 수가 기호의 안에 들어가고, 나누는 수인 뒤의 수를 앞에 적습니다. 몫은 위쪽에 적습니다.

아래 나눗셈의 몫을 구하세요.

01. $4 \div 2 = \boxed{}$
$2 \times 1 = 2, \ 2 \times 2 = 4, \ 2 \times 3 = 6,$
$2 \times 4 = 8, \ 2 \times 5 = 10 \dots$

02. $9 \div 3 = \boxed{}$
$3 \times 1 = 3, \ 3 \times 2 = 6, \ 3 \times 3 = 9,$
$3 \times 4 = 12, \ 3 \times 5 = 15 \dots$

03. $16 \div 8 = \boxed{}$

04. $24 \div 6 = \boxed{}$

05. $12 \div 2 = \boxed{}$

06. $21 \div 7 = \boxed{}$

07. $18 \div 3 = \boxed{}$

나눗셈식의 몫을 구하고, 세로식으로 고쳐 적으세요.

08. $24 \div 3 = \boxed{}$ ➡ $3\overline{)24}$

09. $27 \div 9 = \boxed{}$ ➡

10. $25 \div 5 = \boxed{}$ ➡

11. $48 \div 6 = \boxed{}$ ➡

12. $49 \div 7 = \boxed{}$ ➡

※ 나누는 수(뒤의 수)에 해당하는 곱셈구구를 외우다가 나뉠수 (앞의 수)가 나오면 멈추고 몫을 적습니다.

32 나눗셈의 몫 구하기 (연습)

 아래 식을 계산하여 값을 적으세요.

01. $12 \div 6 =$ ☐

02. $18 \div 3 =$ ☐

03. $14 \div 2 =$ ☐

04. $27 \div 9 =$ ☐

05. $25 \div 5 =$ ☐

06. $54 \div 6 =$ ☐

07. $64 \div 8 =$ ☐

08. $40 \div 5 =$ ☐

09. $49 \div 7 =$ ☐

10. $36 \div 9 =$ ☐

11. $28 \div 4 =$ ☐

12. $24 \div 3 =$ ☐

13. $48 \div 6 =$ ☐

14. $35 \div 5 =$ ☐

15. $16 \div 4 =$ ☐

16. $21 \div 7 =$ ☐

17. $32 \div 4 =$ ☐

18. $56 \div 7 =$ ☐

33 몇십 ÷ 몇 (1)

소리내 읽기

60 ÷ 3의 몫 구하기 ① (6÷3의 10배)

6개를 똑같이 3묶음으로 묶으면 2개씩 묶입니다.

ᶜ ᶜ ᶜ ᶜ ᶜ ᶜ ➡ [ᶜᶜ] [ᶜᶜ] [ᶜᶜ] $6 \div 3 = 2$

60개를 똑같이 3묶음으로 묶으면 20개씩 묶입니다.

||||| ➡ ||| ||| ||| $60 \div 3 = 20$

60 ÷ 3의 몫 구하기 ② (세로셈으로 구하기)

$$
\begin{array}{r}
2 \\
3\overline{)6} \\
6 \\
\hline
0
\end{array}
\Rightarrow
\begin{array}{r}
20 \quad \leftarrow \text{몫} \\
3\overline{)60} \\
60 \quad \leftarrow 3 \times 20 \\
\hline
0
\end{array}
$$

나누는 수가 같고, 나누어지는 수가 10배가 되면 몫도 10배가 됩니다.

소리내 풀기

아래 나눗셈의 몫을 구하세요.

01. $8 \div 2 = \boxed{}$

$80 \div 2 = \boxed{} \boxed{0}$

02. $7 \div 7 = \boxed{}$

$70 \div 7 = \boxed{} \boxed{0}$

03. $4 \div 2 = \boxed{}$

$40 \div 2 = \boxed{} \boxed{}$

04. $5 \div 5 = \boxed{}$

$50 \div 5 = \boxed{} \boxed{}$

소리내 풀기

나눗셈식의 몫을 구하고, 세로식으로 고쳐 적으세요.

05. $90 \div 3 = \boxed{}$

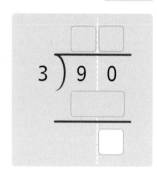

06. $40 \div 4 = \boxed{}$

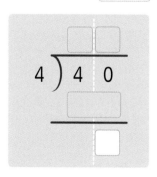

07. $60 \div 2 = \boxed{}$

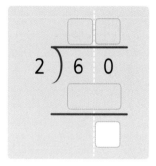

08. $30 \div 3 = \boxed{}$

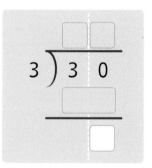

※ 덧셈, 뺄셈, 곱셈의 계산은 일의 자리부터 계산하지만, 나눗셈은 높은 자리수 부터 계산합니다.
60 ÷ 3의 계산도 높은 자리수 6 과 ÷3을 계산하고, 60에서 남은 0을 붙입니다.

 48÷2 의 몫 구하기 (세로셈으로 구하기) ※ 십의 자리 4가 나누는 수 2보다 같거나 크기 때문에 십의 자리부터 나눠줍니다.

①
```
2)48
```
① 48÷2를 위와 같이 적습니다.

②
```
  2  0
2)48
  40 ←2×20
```
② 십의 자리 수 4를 2로 나누었을 때의 몫 2를 십의 자리 위에 씁니다.

③
```
  2
2)48
  40
   8 ←48-40
```
③ 48에서 40을 빼서 남은 수를 밑에 자리에 맞게 적습니다.

④
```
  24
2)48
  40
   8
   8 ←2×4
```
④ 일의 자리 수 8을 2로 나누었을 때의 몫 4를 일의 자리 위에 씁니다.

⑤
```
  24 ←몫
2)48
  40
   8
   8
   0 ←8-8
```
⑤ 8에서 8을 빼서 남은 수를 밑에 자리에 맞게 적습니다.

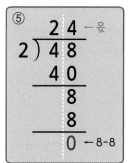

아래 나눗셈의 몫을 구하세요.

01. $24 ÷ 2 =$ ☐

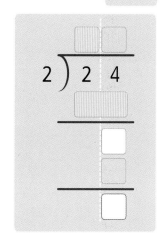

02. $36 ÷ 3 =$ ☐

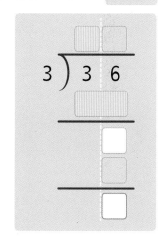

03. $48 ÷ 4 =$ ☐

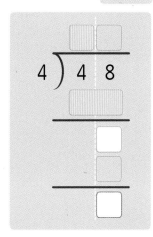

04. $62 ÷ 2 =$ ☐

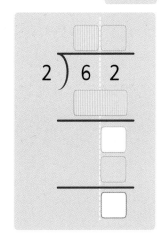

05. $63 ÷ 3 =$ ☐

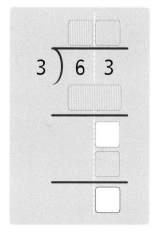

06. $88 ÷ 4 =$ ☐

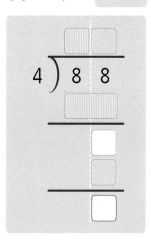

35 몇십몇 ÷ 몇 (연습)

 소리내 풀기

아래 식을 계산하여 값을 적으세요.

01. 80 ÷ 2 =

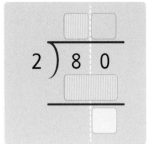

02. 90 ÷ 3 =

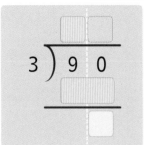

03. 80 ÷ 4 =

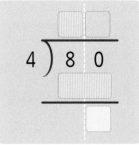

04. 50 ÷ 5 =

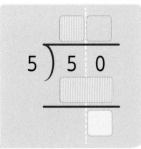

05. 64 ÷ 2 =

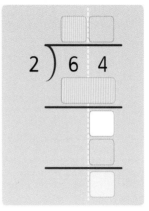

06. 39 ÷ 3 =

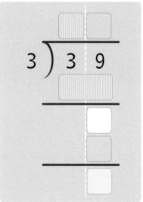

07. 84 ÷ 4 =

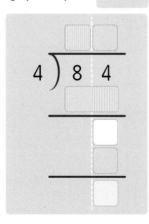

08. 48 ÷ 4 =

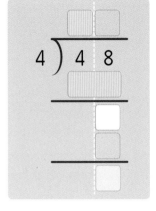

09. 82 ÷ 2 =

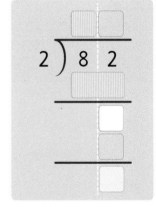

10. 66 ÷ 3 =

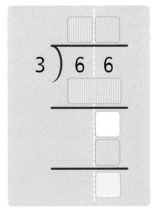

확인 (틀린 문제의 수를 적고, 약한 부분을 보충하세요.)

회차	틀린문제수
31 회	문제
32 회	문제
33 회	문제
34 회	문제
35 회	문제

오답노트 (앞에서 틀린 문제나 기억하고 싶은 문제를 적습니다.)

회	번
문제	풀이

회	번
문제	풀이

회	번
문제	풀이

회	번
문제	풀이

회	번
문제	풀이

생각해보기 (배운 내용이 모두 이해 되었나요?)

■ 모두 이해하고 자신있다. → 다음 회로 넘어 갑니다.

■ 1~2문제 틀릴 수는 있겠지만 거의 이해한다.
   → 개념부분을 한번 더 읽고 다음 회로 넘어 갑니다.

■ 잘 모르는 것 같다.
   → 개념부분과 틀린문제를 한번 더 보고 다음 회로 넘어 갑니다.

60 ÷ 4 의 몫 구하기 (세로셈으로 구하기) ※ 십의 자리 6이 나누는 수 4보다 같거나 크기 때문에 십의 자리부터 나눠줍니다.

①
```
   4)60
```
① 60÷4를 위와 같이 적습니다.

②
```
    1  (0)
   4)6 0
     4 0   ←4×10
```
곱셈 4단 중 6을 넘지 않는 가장 큰 수를 적습니다.
4 × ① = 4

② 십의 자리 수 6을 4로 나눌 수 있는 가장 큰 수를 십의 자리 위에 씁니다.

③
```
    1
   4)6 0
     4 0
     2 0   ←60-40
```
③ 60에서 40을 빼서 남은 수를 밑에 자리에 맞게 적습니다.

④
```
    1 5
   4)6 0
     4 0
     2 0
     2 0   ←4×5
```
④ 빼고 남은 20을 4로 나누었을 때의 몫 5를 일의 자리 위에 씁니다.

⑤
```
    1 5 ←몫
   4)6 0
     4 0
     2 0
     2 0
       0   ←20-20
```
⑤ 20에서 20을 빼서 남은 수를 밑에 자리에 맞게 적습니다.

아래 나눗셈의 몫을 구하세요.

01. 34 ÷ 2 = ☐

```
   ☐ ☐
  2)3 4
    ☐
    ☐
    ☐
      ☐
```

02. 48 ÷ 3 = ☐

```
   ☐ ☐
  3)4 8
    ☐
    ☐
    ☐
      ☐
```

03. 56 ÷ 4 = ☐

```
   ☐ ☐
  4)5 6
    ☐
    ☐
    ☐
      ☐
```

04. 85 ÷ 5 = ☐

```
   ☐ ☐
  5)8 5
    ☐
    ☐
    ☐
      ☐
```

05. 78 ÷ 6 = ☐

```
   ☐ ☐
  6)7 8
    ☐
    ☐
    ☐
      ☐
```

06. 91 ÷ 7 = ☐

```
   ☐ ☐
  7)9 1
    ☐
    ☐
    ☐
      ☐
```

 아래 나눗셈의 몫을 구하세요.

01. 38 ÷ 2 = ⬜

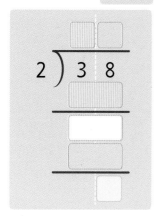
$$2\overline{)38}$$

04. 54 ÷ 3 = ⬜

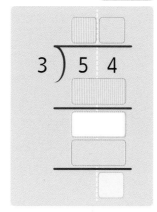
$$3\overline{)54}$$

07. 72 ÷ 4 = ⬜

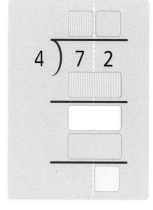
$$4\overline{)72}$$

02. 64 ÷ 4 = ⬜

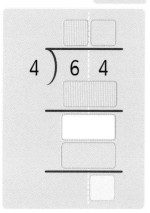
$$4\overline{)64}$$

05. 84 ÷ 6 = ⬜

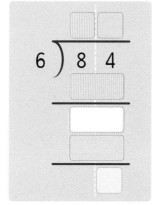
$$6\overline{)84}$$

08. 65 ÷ 5 = ⬜

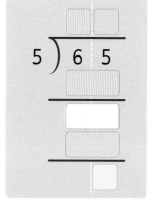
$$5\overline{)65}$$

03. 75 ÷ 5 = ⬜

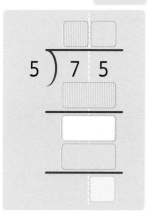
$$5\overline{)75}$$

06. 45 ÷ 3 = ⬜

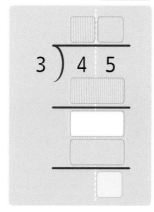
$$3\overline{)45}$$

09. 96 ÷ 6 = ⬜

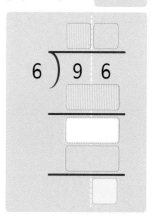
$$6\overline{)96}$$

38 몇십몇 ÷ 몇 (2)

72 ÷ 3의 몫 구하기 (세로셈으로 구하기)

①
```
3 ) 7 2
```

②
```
    2
3 ) 7 2
    6 0  ←3×20
```
곱셈 3단 중 7을 넘지 않는
가장 큰 수를 적습니다.
3 × ② = 6

③
```
    2
3 ) 7 2
    6 0
    1 2  ←72-60
```

④
```
    2 4
3 ) 7 2
    6 0
    1 2
    1 2  ←4×3
```

⑤
```
    2 4  ←몫
3 ) 7 2
    6 0
    1 2
    1 2
       0  ←12-12
```

① 72÷3을 위와 같이 적습니다.

② 십의 자리 수 7을 3으로 나눌 수 있는 가장 큰 수를 십의 자리 위에 씁니다.

③ 72에서 60을 빼서 남은 수를 밑에 자리에 맞게 적습니다.

④ 빼고남은 12를 3으로 나누었을때의 몫 4를 일의 자리 위에 씁니다.

⑤ 12에서 12를 빼서 남은 수를 밑에 자리에 맞게 적습니다.

아래 나눗셈의 몫을 구하세요.

01. 54 ÷ 2 = ☐

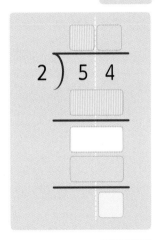

02. 72 ÷ 3 = ☐

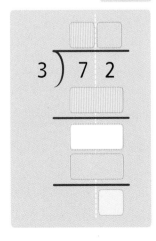

03. 92 ÷ 4 = ☐

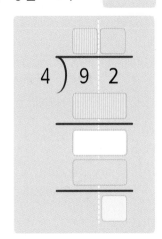

04. 76 ÷ 2 = ☐

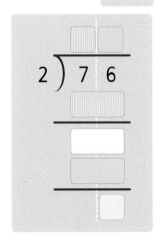

05. 84 ÷ 3 = ☐

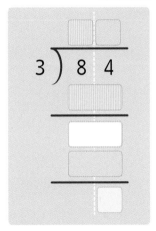

06. 96 ÷ 4 = ☐

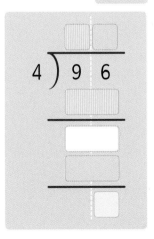

39 몇십 ÷ 몇 (연습2)

아래 나눗셈의 몫을 구하세요.

01. 58 ÷ 2 =

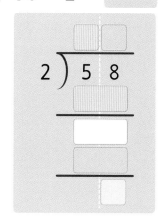

02. 75 ÷ 3 =

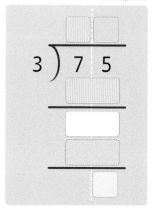

03. 85 ÷ 5 =

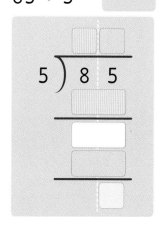

04. 81 ÷ 3 =

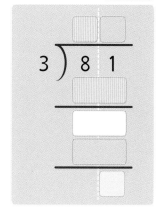

05. 64 ÷ 4 =

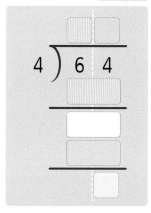

06. 74 ÷ 2 =

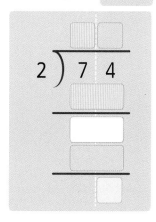

07. 90 ÷ 2 =

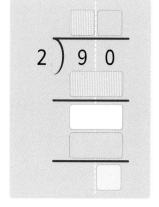

08. 87 ÷ 3 =

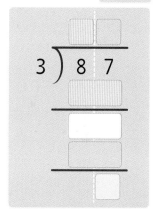

09. 52 ÷ 2 =

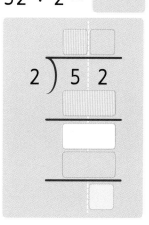

40 나눗셈 (생각문제1)

 문제) 우리반 학생에게 체육대회 준우승 기념으로 연필 **72**자루를 받아 **3**자루씩 주었더니 딱 맞았습니다. 우리반은 몇 명일까요?

풀이) 전체 연필 수 = **72**자루   1명당 연필 수 = **3**자루

우리반 학생수 = 전체 연필 수 ÷ 1명당 연필 수 이므로

식은 **72÷3**이고 값은 **24**입니다.

따라서 우리반 학생은 모두 **24**명 입니다.

식) **72÷3**   답) **24**명

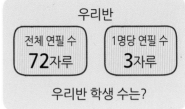

우리반

전체 연필 수	1명당 연필 수
72자루	**3**자루

우리반 학생 수는?

아래의 문제를 풀어보세요.

01. 9살인 동생의 생일에 종이로 된 장미꽃 **90**송이를 주려고 **3**시간 동안 접었다면 1시간에 몇 개를 접은 걸까요?

풀이) 전체 장미꽃 수 = [ ] 개

※ 쉬지않고 계속 접었습니다.

접은 시간 = [ ] 시간

1시간에 접은 수 = 전체 장미꽃 수 [ ] 접은 시간

이므로 식은 [ ] 이고

답은 [ ] 개 입니다.

식) _____   답) [ ] 개

02. 우리 학년 **96**명을 **6**명씩으로 된 모둠으로 만들려고 합니다. 다 만들면 우리 학년은 몇 개의 모둠이 될까요?

풀이) 우리학년 학생 수 = [ ] 명

1 모둠 사람 수 = [ ] 명

모둠 수 = 우리학년 학생 수 [ ] 1 모둠 사람 수 이므로

식은 [ ] 이고

답은 [ ] 개 입니다.

식) _____   답) [ ] 개

03. 우리반 **32**명을 청군과 백군으로 똑같이 나누어 축구 경기를 하려고 합니다. 한 편은 몇 명 일까요?

(식 2점 답 1점)

풀이)

※ 몇 명이라고 물었으면 몇 명이라고 답해야 합니다.

식) _____   답) _____

04. 내가 문제를 만들어 풀어 봅니다. (두자리수 ÷ 한자리수)

풀이)

(문제 2점 식 2점 답 1점)

※ 꼭 문제를 만들어봅니다.

식) _____   답) _____

확인 (틀린 문제의 수를 적고, 약한 부분을 보충하세요.)

회차	틀린문제수
36 회	문제
37 회	문제
38 회	문제
39 회	문제
40 회	문제

오답노트 (앞에서 틀린 문제나 기억하고 싶은 문제를 적습니다.)

회	번
문제	풀이

회	번
문제	풀이

회	번
문제	풀이

회	번
문제	풀이

회	번
문제	풀이

생각해보기 (배운 내용이 모두 이해 되었나요?)

■ 모두 이해하고 자신있다. → 다음 회로 넘어 갑니다.

■ 1~2문제 틀릴 수는 있겠지만 거의 이해한다.
→ 개념부분을 한번 더 읽고 다음 회로 넘어 갑니다.

■ 잘 모르는 것 같다.
→ 개념부분과 틀린문제를 한번 더 보고 다음 회로 넘어 갑니다.

두자리 수의 나눗셈(3) (41회~45회)
41 몫과 나머지

 93 ÷ 4 의 몫 구하기 (몫을 구하고, 남는 수를 나머지라고 합니다. 몫의 옆에 …으로 표시하고 나머지를 적습니다.)

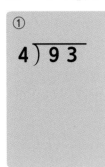

① 93 ÷ 4를 위와 같이 적습니다.

② 십의 자리 수 9를 4로 나눌 수 있는 가장 큰 수를 찾아 십의 자리 위에 씁니다.
$4 × ② = 8$
곱셈 4단 중 9를 넘지 않는 가장 큰 수를 적습니다.

③ 93에서 80을 빼서 남은 수를 밑에 자리에 맞게 적습니다.

④ 빼고 남은 13을 4로 나눌 수 있는 가장 큰 수 3을 일의 자리 위에 씁니다.

⑤ 13에서 12를 빼서 남은 수를 밑에 자리에 적고 남은 수를 나머지라고 합니다.

 아래 나눗셈의 몫과 나머지를 구하세요.

01. 97 ÷ 2 = ☐ … ☐

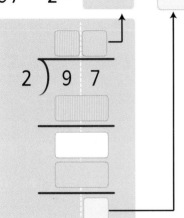

02. 62 ÷ 4 = ☐ … ☐

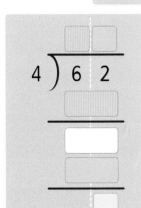

03. 74 ÷ 5 = ☐ … ☐

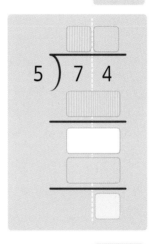

04. 95 ÷ 4 = ☐ … ☐

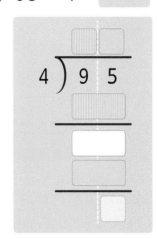

05. 57 ÷ 2 = ☐ … ☐

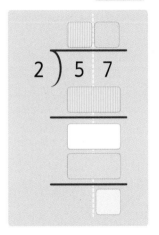

06. 77 ÷ 3 = ☐ … ☐

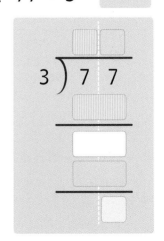

이어서 나는 ☐☐☐☐ 을(를) 공부/연습할거야!!

아래 나눗셈의 몫과 나머지를 구하세요.

01. 85 ÷ 6 = ☐ ⋯ ☐

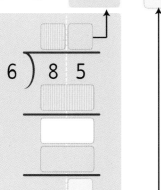

04. 59 ÷ 4 = ☐ ⋯ ☐

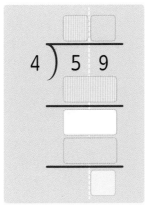

07. 71 ÷ 2 = ☐ ⋯

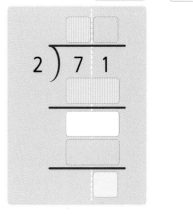

02. 69 ÷ 2 = ☐ ⋯

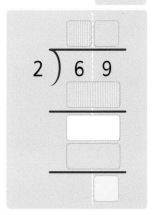

05. 44 ÷ 3 = ☐ ⋯

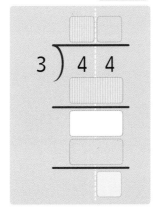

08. 95 ÷ 4 = ☐ ⋯

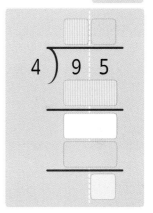

03. 73 ÷ 5 = ☐ ⋯ ☐

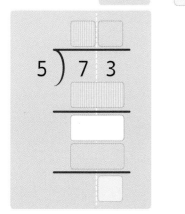

06. 87 ÷ 7 = ☐ ⋯ ☐

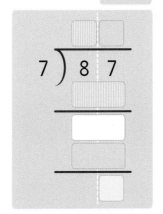

09. 86 ÷ 6 = ☐ ⋯

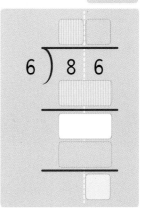

43 나머지와 검산

소리내 읽기

21÷4를 계산하고 검산하기

나머지

21개를 4개씩 묶으면 모두 **5**묶음이 되고 **1**개가 남습니다.

➡ 2 1 ÷ 4 = 5 ⋯ 1

곱셈과 **덧셈**을 이용하여 식을 만들면

➡ 4 × 5 + 1 = 2 1 로 나타내고 <u>검산식</u>이라고 합니다.

21÷4의 몫을 구하고, 검산식 만들기

나누는수 와 **몫**의 곱에 **나머지** 를 더하면
나눠지는수 가 나와야 합니다.

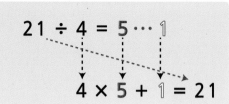

21 ÷ 4 = 5 ⋯ 1

4 × 5 + 1 = 21

※ 외우는게 아니라
왜 그런지
곰곰이 생각해보고,
이해하도록 합니다.

20 ÷ 4 = 5
4 × 5 = 20

21 ÷ 4 = 5 ... 1
4 × 5 + 1 = 21

소리내 풀기

빈칸에 알맞은 수를 적으세요

소리내 풀기

아래 나눗셈을 보고 식과 검산식을 만드세요.

01.

사탕 **10**개를 **3**개씩 묶으면

[ ] 묶음이 되고 [ ] 개가 남습니다.

02. 이것을 식으로 나타내면

10 ÷ 3 = [ ] ⋯ [ ] 입니다.

03. 검산식으로 나타내면

3 × [ ] + [ ] = 10 입니다.

04. 17 ÷ 6 = 2 ⋯ 5 의 검산식은

6 × [ ] + [ ] = 17입니다.

05.
```
      6 ⋯ 2
 3 ) 2 0
```

식) 20 ÷ 3 = [ ] ⋯ [ ]

검산식) 3 × [ ] + [ ] = 20

06.
```
      9 ⋯ 3
 5 ) 4 8
```

식) 48 ÷ 5 = [ ] ⋯ [ ]

검산식) 5 × [ ] + [ ] = 48

07. 35 ÷ 9 = [ ] ⋯ [ ]

검산식) 9 × [ ] + [ ] = 35

08. 50 ÷ 8 = [ ] ⋯ [ ]

검산식) 8 × [ ] + [ ] = 50

09. 27 ÷ 4 = [ ] ⋯ [ ]

검산식) 4 × [ ] + [ ] = 27

44 나머지와 검산 (연습)

 아래 나눗셈을 보고 식과 검산식을 만드세요.

01.

$$2\overline{\smash{)}13} \quad 6 \cdots 1$$

식) $13 \div 2 = \square \cdots \square$

검산식) $2 \times \square + \square = 13$

02.

$$3\overline{\smash{)}23} \quad 7 \cdots 2$$

식) $23 \div 3 = \square \cdots \square$

검산식) $3 \times \square + \square = 23$

03.

$$4\overline{\smash{)}39} \quad 9 \cdots 3$$

식) $39 \div 4 = \square \cdots \square$

검산식) $4 \times \square + \square = 39$

04.

$$5\overline{\smash{)}24} \quad 4 \cdots 4$$

식) $24 \div 5 = \square \cdots \square$

검산식)

05.

$$6\overline{\smash{)}38} \quad 6 \cdots 2$$

식) $38 \div 6 = \square \cdots \square$

검산식)

06.

$$7\overline{\smash{)}40} \quad 5 \cdots 5$$

식) $40 \div 7 = \square \cdots \square$

검산식)

07.

$$8\overline{\smash{)}63} \quad 7 \cdots 7$$

식)

검산식)

08.

$$9\overline{\smash{)}76} \quad 8 \cdots 4$$

식)

검산식)

09.

$$2\overline{\smash{)}19} \quad 9 \cdots 1$$

식)

검산식)

 소리내 읽기

45 나눗셈 (생각문제2)

문제) 우리 학년 **98**명이 체험 학습을 하기 위해 버스 **3**대에 똑같이 나눠 타면, 못타고 남는 학생은 몇 명일까요?

풀이) 우리 학년 학생 수 = 98명　버스 수 = 3대

남는 학생 수는 1대당 타는 수 = 학생 수 ÷ 버스 수 의 나머지입니다.

98÷3의 몫은 32이고, 나머지는 2이므로

따라서 1대당 32명씩 타고 2명이 남습니다.

구하는 방법) 98÷3의 나머지　답) 2명

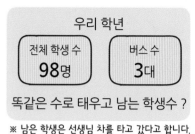

우리 학년

전체 학생 수	버스 수
98명	3대

똑같은 수로 태우고 남는 학생수 ?

※ 남은 학생은 선생님 차를 타고 갔다고 합니다.

 소리내 풀기

아래의 문제를 풀어보세요.

01. 연필 **55**개를 **4**개의 필통에 똑같이 담으면, 몇 개의 연필이 남을까요?

풀이) 전체 연필 수 = ☐ 개,　필통 수 = ☐ 개

남는 수는 전체 연필 수 ☐ 필통 수의 나머지입니다.

☐ 의 몫은 ☐ 이고

나머지는 ☐ 이므로,

☐ 개씩 넣고, ☐ 개가 남습니다.

방법) _____　답) ☐ 개

02. 우리반 **31**명을 똑같이 **5**명씩 팀을 만들면, 마지막에 남는 학생은 몇 명이 한 팀이 되어야 할까요?

풀이) 우리반 학생 수 = ☐ 명, 1팀당 학생 수 = ☐ 명

남는 수는 우리반 수 ☐ 1팀당 수의 나머지이므로

☐ 의 몫은 ☐ 이고

나머지는 ☐ 이므로,

☐ 팀이 되고, ☐ 명이 남아 1팀이 됩니다.

방법) _____　답) ☐ 명

03. **85**쪽짜리 동화책을 **7**쪽씩 나눠 읽으면, 마지막에는 몇 쪽을 읽어야 할까요?

(식 2점
답 1점)

풀이)

방법) _____　답) _____ 쪽

04. 내가 문제를 만들어 풀어 봅니다. (나머지가 있는 나눗셈)

문제 2점
(식 2점
답 1점)

풀이)

식) _____　답) _____

확인 (틀린 문제의 수를 적고, 약한 부분을 보충하세요.)

회차	틀린문제수
41 회	문제
42 회	문제
43 회	문제
44 회	문제
45 회	문제

오답노트 (앞에서 틀린 문제나 기억하고 싶은 문제를 적습니다.)

회	번
문제	풀이

회	번
문제	풀이

회	번
문제	풀이

회	번
문제	풀이

회	번
문제	풀이

생각해보기 (배운 내용이 모두 이해 되었나요?)

■ 모두 이해하고 자신있다. → 다음 회로 넘어 갑니다.

■ 1~2문제 틀릴 수는 있겠지만 거의 이해한다.
→ 개념부분을 한번 더 읽고 다음 회로 넘어 갑니다.

■ 잘 모르는 것 같다.
→ 개념부분과 틀린문제를 한번 더 보고 다음 회로 넘어 갑니다.

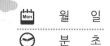

Mon 월 일
분 초

12 문제중
문제
맞

소리내
풀기

아래 식을 계산하여 값을 적으세요.

01. 52 ÷ 4 =

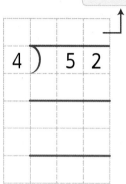

02. 84 ÷ 6 =

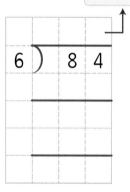

03. 72 ÷ 3 =

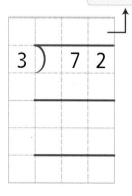

04. 54 ÷ 2 =

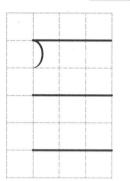

05. 92 ÷ 4 =

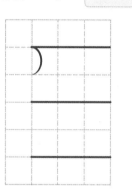

06. 78 ÷ 2 =

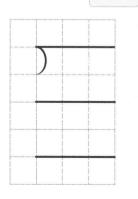

07. 91 ÷ 7 =

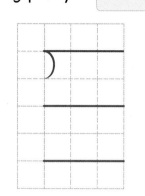

08. 54 ÷ 3 =

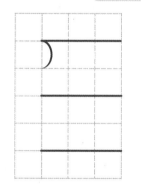

09. 92 ÷ 2 =

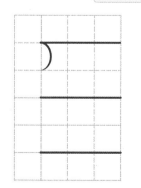

10. 84 ÷ 3 =

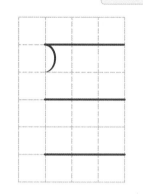

11. 96 ÷ 8 =

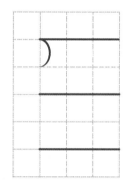

12. 68 ÷ 4 =

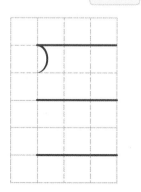

47 두 자릿수의 나눗셈 (연습2)

Mon 월 일
⊙ 분 초

9 문제 중
문제
맞았어!

아래 식을 계산하여 값을 적으세요.

01. $96 \div 8 =$ ☐

검산식) $12 \times 8 = 96$

02. $68 \div 4 =$ ☐

검산식)

03. $57 \div 3 =$ ☐

검산식)

04. $90 \div 5 =$ ☐

검산식)

05. $96 \div 6 =$ ☐

검산식)

06. $84 \div 7 =$ ☐

검산식)

07. $69 \div 3 =$ ☐

검산식)

08. $85 \div 5 =$ ☐

검산식)

09. $78 \div 6 =$ ☐

검산식)

이어서 나는 ☐ 을(를) 공부/연습할거야!!

48 두 자릿수의 나눗셈 (연습3)

 소리내 풀기

아래 식을 계산하여 값을 적으세요.

01. 76 ÷ 5 = ☐ … ☐

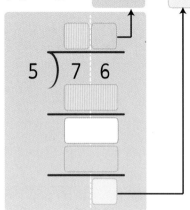

04. 77 ÷ 3 = ☐ … ☐

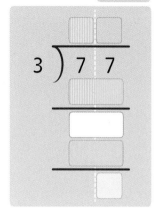

07. 53 ÷ 4 = ☐ …

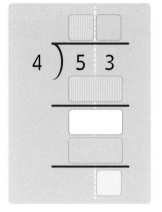

02. 95 ÷ 7 = ☐ … ☐

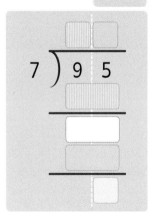

05. 73 ÷ 2 = ☐ … ☐

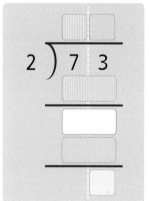

08. 87 ÷ 7 = ☐ … ☐

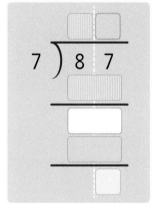

03. 59 ÷ 2 = ☐ … ☐

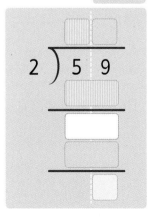

06. 95 ÷ 6 = ☐ … ☐

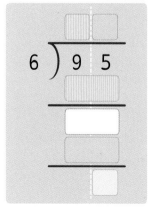

09. 61 ÷ 4 = ☐ …

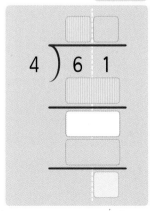

68

 아래 나눗셈의 몫과 나머지를 구하고, 식과 검산식을 만드세요.

01.
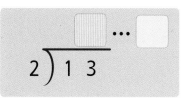

식) 13 ÷ 2 = □ ⋯ □

검산식) 2 × □ + □ = 13

02.
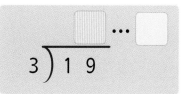

식) 19 ÷ 3 = □ ⋯ □

검산식) 3 × □ + □ = 19

03.

4) 3 1

식) 31 ÷ 4 = □ ⋯ □

검산식) 4 × □ + □ = 31

04.
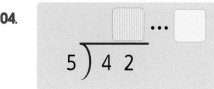

식) _____

검산식) _____

05.
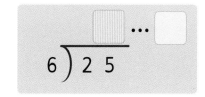

식) _____

검산식) _____

06.
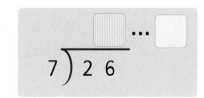

식) _____

검산식) _____

07.
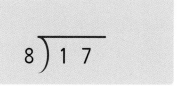

식) _____

검산식) _____

08.
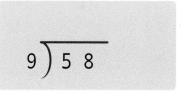

식) _____

검산식) _____

09.

7) 6 4

식) _____

검산식) _____

50 두 자릿수의 나눗셈 (연습5)

 아래 식을 계산하여 값을 적으세요.

01. $55 \div 2 =$ ⬚ ··· ▢

검산식) $27 \times 2 + 1 = 55$

02. $93 \div 5 =$ ⬚ ··· ▢

검산식)

03. $87 \div 6 =$ ⬚ ··· ▢

검산식)

04. $85 \div 7 =$ ⬚ ··· ▢

검산식)

05. $74 \div 3 =$ ⬚ ··· ▢

검산식)

06. $81 \div 5 =$ ⬚ ··· ▢

검산식)

07. $79 \div 6 =$ ⬚ ··· ▢

검산식)

08. $63 \div 4 =$ ⬚ ··· ▢

검산식)

09. $96 \div 7 =$ ⬚ ··· ▢

검산식)

확인 (틀린 문제의 수를 적고, 약한 부분을 보충하세요.)

회차	틀린문제수
46 회	문제
47 회	문제
48 회	문제
49 회	문제
50 회	문제

오답노트 (앞에서 틀린 문제나 기억하고 싶은 문제를 적습니다.)

회	번
문제	풀이

회	번
문제	풀이

회	번
문제	풀이

회	번
문제	풀이

회	번
문제	풀이

생각해보기 (배운 내용이 모두 이해 되었나요?)

■ 모두 이해하고 자신있다. → 다음 회로 넘어 갑니다.

■ 1~2문제 틀릴 수는 있겠지만 거의 이해한다.
  → 개념부분을 한번 더 읽고 다음 회로 넘어 갑니다.

■ 잘 모르는 것 같다.
  → 개념부분과 틀린문제를 한번 더 보고 다음 회로 넘어 갑니다.

원 그리기

반지름

① 한 점을 정합니다.
② 컴퍼스를 원의 반지름 만큼 벌립니다.
③ 컴퍼스의 침을 점에 꽂고 돌리면
   원이 그려집니다.

※ 컴퍼스의 벌린 길이가 반지름이 되고,
   어떤 위치에서 재도 모두 같습니다.

지름과 반지름

반지름
원의 지름

원 위의 두점을 이은 선분이 원의 중심을
지날때, 이 선분을 원의 지름이라고 합니다.
지름의 반을 반지름이라고 합니다.

※ 원의 중심을 지나는 선분(지름)도 어떤
   위치를 지나도 길이가 똑같습니다.

아래는 원의 특징을 이야기 한 것입니다. 빈 칸에
알맞은 글을 적으세요. (다 푼후 2번 읽어 봅니다.)

01. 중심에서 같은 거리에 있는 점을 모두 연결하면 원이 됩니다.

원을 그리는 도구를 컴퍼스라고 하고, 컴퍼스로 원을 그릴때,

컴퍼스의 벌린 길이는 [   ] 이 됩니다.

또한, 반지름의 2배는 [   ] 이 됩니다.

02. 원의 중심을 지나는 선분을 [   ] 이라고 하고,

지름의 반($\frac{1}{2}$)을 [   ] 이라고 합니다.

03. 한 원에서 중심을 지나는 선분인 [   ] 은 어떤 방향

에서 재도 모두 길이가 같고, 중심에서 바깥선까지의 거리인

[   ] 도 어떤 방향으로 직선을 그어도 길이가 같습니다.

04. 반지름 × 2 = [   ]

지름 ÷ 2 = [   ]

아래 원의 지름과 반지름을 적으세요.

05.

2cm

지름 = [   ] cm

반지름 = [   ] cm

06.

2cm

지름 = [   ] cm

반지름 = [   ] cm

07.

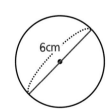

6cm

지름 = [   ] cm

반지름 = [   ] cm

08.

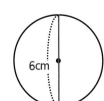

6cm

지름 = [   ] cm

반지름 = [   ] cm

아래 그림을 보고 알맞은 수를 적으세요.

---

01. 주황색 선의 길이는 몇 cm일까요?

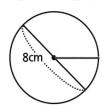

8cm

☐ cm

---

02. 주황색 선의 길이는 몇 cm일까요?

3cm

☐ cm

---

03. 주황색 선의 길이는 몇 cm일까요?

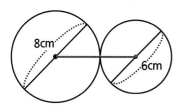

8cm 6cm

☐ cm

---

04. 주황색 원의 지름은 몇 cm일까요?

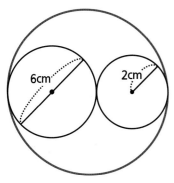

6cm 2cm

☐ cm

---

05. 주황색 삼각형의 세변의 길이는 모두 몇 cm일까요?

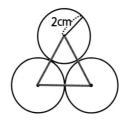

2cm

☐ cm

---

06. 주황색 사각형의 네변의 길이는 모두 몇 cm일까요?

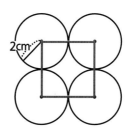

2cm

☐ cm

---

07. 주황색 사각형의 네변의 길이는 모두 몇 cm일까요?

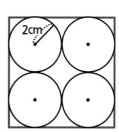

2cm

☐ cm

---

08. 주황색 원의 반지름은 몇 cm일까요?

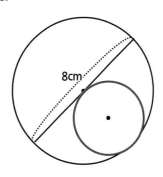

8cm

☐ cm

분수가 무엇인가요?

$\dfrac{3}{4}$ 은 $\dfrac{1}{4}$ 이 3개 (3배) 있는 것입니다.

= 색칠한 부분의 수 / 전체를 똑같이 나눈 수 = $\dfrac{1}{2}$ = 분자(자녀) / 분모(엄마)

색칠한 부분은 전체를 똑같이 **2**로 나눈 것 중의 **1**입니다.

이 것을 $\dfrac{1}{2}$ 이라고 쓰고, **2**분의 **1** 이라 읽습니다.
이   일

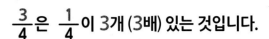

1개 = $\dfrac{1}{4}$

1개 3개 / 2개 = $\dfrac{3}{4}$

$\dfrac{1}{4}$ 이 3개 있으면 $\dfrac{3}{4}$ 입니다.

$\dfrac{1}{4}$ 이 3배 있으면 $\dfrac{3}{4}$ 입니다.

아래는 분수를 설명한 것입니다. 빈칸에 알맞은 수나 글을 적으세요. (다 적은 후 2번 더 읽어보세요.)

01. 전체 중 차지하는 부분을 간단히 나타내기 위하여

☐ 를 사용합니다.

02. 분수를 나타내는 방법은 중간에 가로선을 긋고,

전체의 수를 가로선의 아래에 적고,

차지하는 부분은 가로선의 ☐ 에 적습니다.

03. 분수의 아래 부분은 분모, 위 부분은 ☐ 라 합니다.

04.  옆의 그림과 같이 전체 **3**칸 중 **2**칸을

나타내는 분수를 적고, 읽어 보세요.

쓰기 : ☐   읽기 : _____

05. $\dfrac{3}{5}$ 은 전체 ☐ 부분 중 ☐ 부분을 나타냅니다.

색칠한 그림을 보고 분수로 표시하고, 분수를 보고 그림에 색칠해 보세요.

06. 쓰기 : ☐   읽기 : _____

07. 쓰기 : ☐   읽기 : _____

08. 쓰기 : ☐ = $\dfrac{1}{5}$ 의 ☐ 배

09. 읽기: **6**분의 **2** ⟶

10. $\dfrac{1}{6}$ 의 **3**배 = ☐ ⟶

※ $\dfrac{1}{2}$ 과 같이 표시하는 것을 분수라고 합니다. 분수는 밑에 있는 분모를 먼저 읽고, 분자를 읽습니다.
엄마를 모라 하고, 자식을 자라고 하듯이, 엄마가 아이를 업고 있다고 생각하세요.

54 분수로 나타내기

 소리내 읽기

4개 중 1개를 분수로 $\frac{1}{4}$입니다.

전체를 똑같이 **4**로 나눈 것 중의 **1**은 전체의 $\frac{1}{4}$ 입니다.

전체를 똑같이 **4**로 나눈 것 중의 **2**는 전체의 $\frac{2}{4}$ 입니다.

3은 4의 $\frac{3}{4}$ 입니다.

3은 4의 $\frac{3}{4}$ 입니다. → 4개 중 $\frac{3}{4}$ 은 3개 입니다.

4는 4의 $\frac{4}{4}$ 입니다. → 4의 $\frac{4}{4}$ 는 4입니다.

 소리내 풀기

아래의 그림을 보고 나타내는 수를 분수로 나타내어 보세요.

01. ● ○ ○ ○ ○ ○

6개 중의 **1**개를 분수로 나타내면 ☐ 입니다.

1개는 **6**개의 ☐ 입니다. → **1**은 **6**의 $\frac{1}{6}$ 입니다.

6개의 $\frac{1}{6}$ 은 ☐ 개 입니다. → **6**의 $\frac{1}{6}$ 은 1입니다.

※ 6 개 중 $\frac{1}{6}$ = 1 개 ,   1개 = 6개 중 $\frac{1}{6}$

02. ● ● ○ ○ ○ ○

6개 중의 **2**개를 분수로 나타내면 ☐ 입니다.

2개는 **6**개의 ☐ 입니다. → **2**는 **6**의 $\frac{2}{6}$ 입니다.

6개의 $\frac{2}{6}$ 는 ☐ 개 입니다. → **6**의 $\frac{2}{6}$ 는 2입니다.

※ 6 개 중 $\frac{2}{6}$ = 2 개 ,   2개 = 6개 중 $\frac{2}{6}$

※ 8 개 중 $\frac{2}{8}$ = 2 개 ,   2개 = 8개 중 $\frac{2}{8}$

03. ● ● ● ○ ○ ○

6개 중의 **3**개를 분수로 나타내면 ☐ 입니다.

3개는 **6**개의 ☐ 입니다. → **3**은 **6**의 $\frac{3}{6}$ 입니다.

6개의 $\frac{3}{6}$ 은 ☐ 개 입니다. → **6**의 $\frac{3}{6}$ 은 3입니다.

04. ● ● ● ● ○ ○

6개 중의 **4**개를 분수로 나타내면 ☐ 입니다.

4개는 **6**개의 ☐ 입니다. → **4**는 **6**의 $\frac{4}{6}$ 입니다.

6개의 $\frac{4}{6}$ 는 ☐ 개 입니다. → **6**의 $\frac{4}{6}$ 는 4입니다.

※ 무슨 내용인지 잘 생각해 보고,
잘 모르겠으면 물어보고, 그래도 모르겠으면 일단 넘어갑니다.
56일차 내용을 배울때 비교하면서 이해하도록 합니다.

55 분수 (생각문제1)

 문제) **10**조각으로 똑같이 나눠 **6**조각을 먹었습니다. 먹은 조각을 분수로 나타 내세요.

풀이) 전체 빵 조각 수 = 10   먹은 조각 = 6

분수 = $\dfrac{\text{먹은 조각 수}}{\text{전체 조각 수}}$ = $\dfrac{6}{10}$ 입니다.

답) $\dfrac{6}{10}$

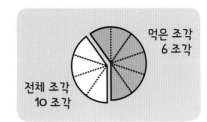

 아래의 문제를 풀어보세요.

01. 사탕 **25**개 중 내 것은 **7**개 입니다. 전체 중 내 것을 나타내는 것을 분수로 나타내어 보세요.

풀이) 전체 수 = ☐ 개

내것 수 = ☐ 개

분수 = $\dfrac{\boxed{}}{\text{전체 수}}$ = $\dfrac{\boxed{}}{\boxed{}}$ 입니다.

답)

02. 사과 **32**개를 사왔는데 **13**개가 상해서 버렸습니다. 전체의 사과 중에서 상해서 버린 사과를 분수로 나타내어 보세요.

풀이) 전체 수 = ☐ 개

버린 수 = ☐ 개

분수 = $\dfrac{\text{버린 수}}{\boxed{}}$ = $\dfrac{\boxed{}}{\boxed{}}$ 입니다.

답)

03. 나는 **14**일 중의 **9**일은 과학책을 읽고 있습니다. 전체의 날 중 과학책을 읽은 날을 분수로 나타내어 보세요.

(식 2점
답 1점)

풀이)

답)

04. 내가 문제를 만들어 풀어 봅니다. (분수로 나타내기)

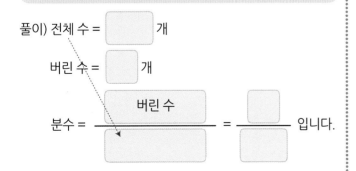

풀이)

(문제 2점
식 2점
답 1점)

답)

확인 (틀린 문제의 수를 적고, 약한 부분을 보충하세요.)

회차	틀린문제수
51 회	문제
52 회	문제
53 회	문제
54 회	문제
55 회	문제

생각해보기 (배운 내용이 모두 이해되었나요?)

■ 모두 이해하고 자신있다. → 다음 회로 넘어 갑니다.

■ 1~2문제 틀릴 수는 있겠지만 거의 이해한다.
  → 개념부분을 한번 더 읽고 다음 회로 넘어 갑니다.

■ 잘 모르는 것 같다.
  → 개념부분과 틀린문제 를 한번 더 보고 다음 회로 넘어 갑니다.

오답노트 (앞에서 틀린 문제나 기억하고 싶은 문제를 적습니다.)

회	번
문제	풀이

회	번
문제	풀이

회	번
문제	풀이

회	번
문제	풀이

회	번
문제	풀이

56 분수는 몇 개 일까요?

10의 $\frac{1}{5}$ 은 2입니다.

10개를 똑같이 5묶음으로 나누면 1묶음에 2개씩 묶입니다.

10의 $\frac{1}{5}$ 은 2입니다. → 5묶음 중 1묶음은 2입니다.

10의 $\frac{2}{5}$ 는 4입니다.

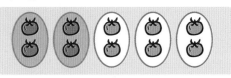

10개를 똑같이 5묶음 나눈 것 중 2묶음은 4개 입니다.

10의 $\frac{2}{5}$ 는 4입니다. → 5묶음 중 2묶음은 4입니다.

아래의 그림을 보고 나타내는 수를 분수로 나타내어 보세요.

01.

4묶음 중 1묶음은 분수로 ☐ 입니다.

12를 똑같이 4묶음으로 나누면 1묶음에 ☐ 씩 묶입니다.

12의 $\frac{1}{4}$ 은 ☐ 입니다.

02.

4묶음 중 2묶음은 분수로 ☐ 입니다.

12를 똑같이 4묶음으로 나누면 2묶음은 ☐ 입니다.

12의 $\frac{2}{4}$ 는 ☐ 입니다.

03.

4묶음 중 3묶음은 분수로 ☐ 입니다.

12를 똑같이 4묶음으로 나누면 3묶음은 ☐ 입니다.

12의 $\frac{3}{4}$ 은 ☐ 입니다.

04.

4묶음 중 4묶음은 분수로 ☐ 입니다.

12를 똑같이 4묶음으로 나누면 4묶음은 ☐ 입니다.

12의 $\frac{4}{4}$ 는 ☐ 입니다.

※ $\frac{2}{4}$ 는 $\frac{1}{4}$ 의 2배입니다. 12의 $\frac{1}{4}$ 은 3개이고, $\frac{2}{4}$ 는 3개의 2배이므로 6개 입니다.

※ 앞의 내용(54일차)과 비교해 보면서 이해하도록 합니다.

 그림을 보고, 알맞은 수를 적으세요.

01. 빵 **20**개를 똑같이 **5**묶음으로 나눈 것 중의 **1** 묶음을

분수로 나타내면 전체의 [   ] 입니다.

08. 공 **18**개를 똑같이 **6**묶음으로 나눈 것 중의 **1** 묶음을

분수로 나타내면 전체의 [   ] 입니다.

02. 빵 **20**개를 똑같이 **5**묶음으로 나누면 **1** 묶음에 [   ] 개씩

20 ÷ 5 = ?

들어갑니다.

09. 공 **18**개를 똑같이 **6**묶음으로 나누면 **1** 묶음에 [   ] 개씩

18 ÷ 6 = ?

들어갑니다.

03. 빵 **20**개의 $\frac{1}{5}$ 은 [   ] 개 입니다.

×2

10. 공 **18**개의 $\frac{1}{6}$ 은 [   ] 개 입니다.

$\frac{1}{6}$ 의 1 배

×2

04. 빵 **20**개의 $\frac{2}{5}$ 는 $\frac{1}{5}$ 의 2배이므로 [   ] 개 입니다.

11. 공 **18**개의 $\frac{2}{6}$ 는 $\frac{1}{6}$ 의 2배이므로 [   ] 개 입니다.

05. 빵 **20**개의 $\frac{3}{5}$ 은 $\frac{1}{5}$ 의 3배이므로 [   ] 개 입니다.

12. 공 **18**개의 $\frac{3}{6}$ 는 $\frac{1}{6}$ 의 3배이므로 [   ] 개 입니다.

06. 빵 **20**개의 $\frac{4}{5}$ 는 $\frac{1}{5}$ 의 4배이므로 [   ] 개 입니다.

13. 공 **18**개의 $\frac{4}{6}$ 는 $\frac{1}{6}$ 의 4배이므로 [   ] 개 입니다.

07. 빵 **20**개의 $\frac{5}{5}$ 는 $\frac{1}{5}$ 의 5배이므로 [   ] 개 입니다.

14. 공 **18**개의 $\frac{5}{6}$ 는 $\frac{1}{6}$ 의 5배이므로 [   ] 개 입니다.

58 몇 개는 분수로 얼마일까요?

2는 10의 $\frac{1}{5}$ 입니다.

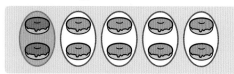

10개를 똑같이 5 묶음으로 나누면 1묶음에 2개씩 묶입니다.

10개 중의 2개는 10의 $\frac{1}{5}$ 입니다.

8은 10의 $\frac{4}{5}$ 입니다.

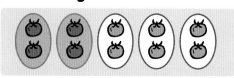

10개를 똑같이 5 묶음 나눈 것 중 4묶음은 8개 입니다.

10개 중의 8개는 10의 $\frac{4}{5}$ 입니다.

아래의 그림을 보고 알맞은 수를 빈칸에 적으세요.

01.

12를 똑같이 4묶음으로 나누면 1 묶음에 ☐ 씩 묶입니다.

4묶음 중 1 묶음은 분수로 ☐ 입니다.

12중 3을 분수로 나타내면 3은 12의 ☐ 입니다.

02.

12를 똑같이 4묶음으로 나누면 2묶음은 ☐ 개 입니다.

4묶음 중 2묶음은 분수로 ☐ 입니다.

12중 6을 분수로 나타내면 6은 12의 ☐ 입니다.

03.

12를 똑같이 4묶음으로 나누면 3묶음은 ☐ 개 입니다.

4묶음 중 3묶음은 분수로 ☐ 입니다.

12중 9를 분수로 나타내면 9는 12의 ☐ 입니다.

04.

12를 똑같이 4묶음으로 나누면 4묶음은 ☐ 개 입니다

4묶음 중 4묶음은 분수로 ☐ 입니다.

12중 12를 분수로 나타내면 12는 12의 ☐ 입니다.

※ $\frac{2}{4}$ 는 $\frac{1}{4}$ 의 2배입니다. 12의 $\frac{1}{4}$ 은 3개이고, $\frac{2}{4}$ 는 3개의 2배이므로 6개 입니다.

월 일
분 초

14 문제 중
문제 맞았어!

그림을 보고, 알맞은 수를 적으세요.

01. 빵 **20**개를 똑같이 **5**묶음으로 나누면 **1** 묶음에 ☐ 개씩

$20 \div 5 = ?$

들어갑니다.

08. 공 **18**개를 똑같이 **6**묶음으로 나누면 **1** 묶음에 ☐ 개씩

$18 \div 6 = ?$

들어갑니다.

02. 빵 **20**개를 똑같이 **5**묶음으로 나눈 것 중의 **1** 묶음을

분수로 나타내면 전체의 ☐ 입니다.

09. 공 **18**개를 똑같이 **6**묶음으로 나눈 것 중의 **1** 묶음을

분수로 나타내면 전체의 ☐ 입니다.

03. 빵 **4**개는 빵 **20**개의 ☐ 입니다.

×2

×2

04. 빵 **8**개는 빵 **20**개의 ☐ 입니다.

×3

×3

05. 빵 **12**개는 빵 **20**개의 ☐ 입니다.

×4

06. **16**은 **4**의 **4**배 이므로, **16**은 **20**의 ☐ 입니다.

07. **20**은 **4**의 **5**배 이므로, **20**은 **20**의 ☐ 입니다.

10. 공 **3**개는 공 **18**개의 ☐ 입니다.

11. **6**은 **18**의 ☐ 입니다.

12. **9**는 **18**의 ☐ 니다.

13. **12**는 **3**의 **4**배 이므로, **12**는 **18**의 ☐ 입니다.

14. **15**는 **3**의 **5**배 이므로, **15**는 **18**의 ☐ 입니다.

안에 알맞은 수를 적으세요.

01. 3은 4의 ── 입니다.
$\frac{1}{4}$ $\frac{2}{4}$ $\frac{3}{4}$ $\frac{4}{4}$
● ● ● ●

02. 5는 7의 ── 입니다.
$\frac{1}{7}$ $\frac{2}{7}$ $\frac{3}{7}$ $\frac{4}{7}$ $\frac{5}{7}$ $\frac{6}{7}$ $\frac{7}{7}$
● ● ● ● ● ● ●

03. 2는 9의 ── 입니다.
● ● ● ● ● ● ● ● ●

04. 11은 15의 ── 입니다.
● ● ● ● ● ● ● ● ● ●
● ● ● ● ●

05. 12를 2씩 묶으면 6은 12의 ── 입니다.

●● ●● ●● ●● ●● ●●
$\frac{1}{6}$ $\frac{2}{6}$ $\frac{3}{6}$ $\frac{4}{6}$ $\frac{5}{6}$ $\frac{6}{6}$
= = = = = =
2 4 6 8 10 12

06. 12를 3씩 묶으면 6은 12의 ── 입니다.

●●● ●●● ●●● ●●●
$\frac{1}{4}$ $\frac{2}{4}$ $\frac{3}{4}$ $\frac{4}{4}$
= = = =
3 6 9 12

07. 12를 6씩 묶으면 6은 12의 ── 입니다.

●●●●●● ●●●●●●
$\frac{1}{2}$ $\frac{1}{2}$
= =
6 12

08. 15의 $\frac{1}{5}$ 은 □ 입니다.

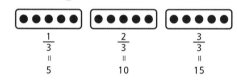
●●● ●●● ●●● ●●● ●●●
$\frac{1}{5}$ $\frac{2}{5}$ $\frac{3}{5}$ $\frac{4}{5}$ $\frac{5}{5}$
= = = = =
3 6 9 12 15

09. 15의 $\frac{1}{3}$ 은 □ 입니다.

●●●●● ●●●●● ●●●●●
$\frac{1}{3}$ $\frac{2}{3}$ $\frac{3}{3}$
= = =
5 10 15

10. 8을 2씩 묶으면 4는 8의 ── 입니다.

11. 18을 6씩 묶으면 12는 18의 ── 입니다.

12. 6의 $\frac{2}{3}$ 는 □ 입니다.

13. 9의 $\frac{2}{3}$ 는 □ 입니다.

확인 (틀린 문제의 수를 적고, 약한 부분을 보충하세요.)

회차	틀린문제수
56 회	문제
57 회	문제
58 회	문제
59 회	문제
60 회	문제

오답노트 (앞에서 틀린 문제나 기억하고 싶은 문제를 적습니다.)

회	번
문제	풀이

회	번
문제	풀이

회	번
문제	풀이

회	번
문제	풀이

회	번
문제	풀이

생각해보기 (배운 내용이 모두 이해 되었나요?)

■ 모두 이해하고 자신있다. → 다음 회로 넘어 갑니다.

■ 1~2문제 틀릴 수는 있겠지만 거의 이해한다.
→ 개념부분을 한번 더 읽고 다음 회로 넘어 갑니다.

■ 잘 모르는 것 같다.
→ 개념부분과 를 한번 더 보고 다음 회로 넘어 갑니다.

Mon 월 일
⏱ 분 초

8 문제 중 문제 맞

진분수 : 분모가 더 큰 분수

분자
분모 $\dfrac{1}{2}$, $\dfrac{1}{3}$ $\dfrac{2}{3}$, $\dfrac{1}{4}$ $\dfrac{2}{4}$ $\dfrac{3}{4}$, ...

가분수 : 분자가 분모와 같거나 더 큰 분수

분자
분모 $\dfrac{2}{2}$ $\dfrac{3}{2}$ ... , $\dfrac{3}{3}$ $\dfrac{4}{3}$ ... , ...

분자가 작은 분수는 진분수, 같거나 큰 분수는 가분수

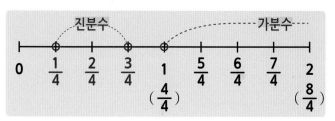

진분수 : $\dfrac{1}{4}$, $\dfrac{2}{4}$, $\dfrac{3}{4}$

가분수 : $\dfrac{4}{4}$, $\dfrac{5}{4}$, $\dfrac{6}{4}$, $\dfrac{7}{4}$, $\dfrac{8}{4}$, ...

아래의 그림에서 색 칠한 부분을 분수로 나타내고, 진분수인지, 가분수인지 적으세요.

01. $\dfrac{}{3}$ [ ] 분수

02. 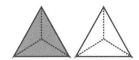 $\dfrac{}{3}$ [ ] 분수

03. 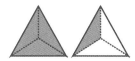 $\dfrac{}{}$ [ ] 분수

04. 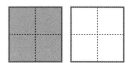 $\dfrac{}{}$ [ ] 분수

05. 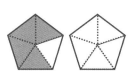 $\dfrac{}{}$ [ ] 분수

수직선의 빈칸에 알맞은 분수를 적고, 수직선에 있는 분수 중 진분수와 가분수를 찾아 모두 적으세요.

06.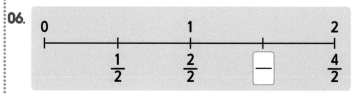

진분수 : [ ]   가분수 : [ ] [ ] [ ]

07.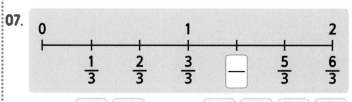

진분수 : [ ] [ ]   가분수 : [ ] [ ] [ ]

08.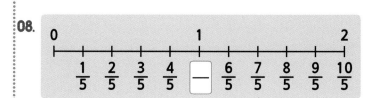

진분수 : _____

가분수 : _____

※ 몸보다 머리가 크거나, 모양이 이상한 것을 가분수라고 이야기 하기도 합니다.
가분수라는 말은 가짜 분수, 임시 분수라는 말입니다.

이어서 나는 ━ ━ ━ 을(를) 공부/연습할거야!! ᑐᑐ

분모가 같은 분수의 **더하기 : 분자**만 **더합니다.**

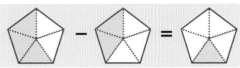

$$\frac{1}{5} + \frac{3}{5} = \frac{4}{5} \leftarrow 1+3$$

$\frac{1}{5}$ 조각 1개와 $\frac{1}{5}$ 조각 3개를 합하면 $\frac{1}{5}$ 조각 4개가 됩니다.

분모가 같은 분수의 **빼기 : 분자**만 **뺍니다.**

$$\frac{3}{5} - \frac{2}{5} = \frac{1}{5} \leftarrow 3-2$$

$\frac{1}{5}$ 조각 3개에서 $\frac{1}{5}$ 조각 2개를 빼면 $\frac{1}{5}$ 조각 1개가 됩니다.

아래의 그림을 보고 더해 보세요. (합을 구하세요.)

아래의 그림을 보고 빼 보세요. (차를 구하세요.)

01. $+$ $= \frac{2}{3} + \frac{1}{3} = \dfrac{}{}$

06. $= \frac{2}{3} - \frac{1}{3} = \dfrac{}{}$

02. $+$ $= \frac{1}{4} + \frac{1}{4} = \dfrac{}{}$

07. $-$ $= \frac{4}{4} - \frac{3}{4} = \dfrac{}{}$

03. $+$ $= \frac{3}{5} + \frac{1}{5} = \dfrac{}{}$

08. $-$ $= \frac{4}{5} - \frac{1}{5} = \dfrac{}{}$

04. $\dfrac{5}{12} + \dfrac{6}{12} = \dfrac{5+6}{\boxed{}} = \dfrac{}{}$

09. $\dfrac{29}{45} - \dfrac{17}{45} = \dfrac{29-17}{\boxed{}} = \dfrac{}{}$

05. $\dfrac{12}{27} + \dfrac{8}{27} = \dfrac{\boxed{}+\boxed{}}{\boxed{}} = \dfrac{}{}$

10. $\dfrac{64}{97} - \dfrac{8}{97} = \dfrac{\boxed{}-\boxed{}}{\boxed{}} = \dfrac{}{}$

※ 더할 때는 앞의 그림에 더하는 분수만큼 색을 칠해보고, 뺄 때는 앞의 그림에서 빼는 분수만큼 × 표시해서 없애 보세요.

대분수 : 자연수와 진분수로 이루어진 분수

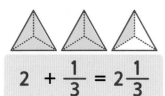

$2 + \dfrac{1}{3} = 2\dfrac{1}{3}$

대분수 : $2\dfrac{1}{3}$

가분수 : $\dfrac{7}{3}$

$2 + \dfrac{1}{3}$ 을 $2\dfrac{1}{3}$ 이라 쓰고, 2와 3분의 1 이라고 읽습니다.

대분수를 가분수로 나타내기

$1\dfrac{3}{4} = 1 + \dfrac{3}{4} = \dfrac{4}{4} + \dfrac{3}{4} = \dfrac{7}{4}$

가분수를 대분수로 나타내기

$\dfrac{9}{4} = \dfrac{8}{4} + \dfrac{1}{4} = 2 + \dfrac{1}{4} = 2\dfrac{1}{4}$

아래의 그림에서 색칠한 부분을 대분수와 가분수로 적으세요.

대분수는 가분수로, 가분수는 대분수로 만드세요.

01.
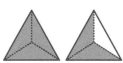
가분수 $\dfrac{}{3}$ 대분수 $\dfrac{}{3}$

02.
가분수 $\dfrac{}{4}$ 대분수 $\dfrac{}{4}$

03.
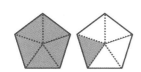
가분수 $\dfrac{}{5}$ 대분수 $\dfrac{}{5}$

04.
가분수 $\dfrac{}{4}$ 대분수 $\dfrac{}{4}$

05.

가분수 $\dfrac{}{5}$ 대분수 $\dfrac{}{5}$

06. $1\dfrac{2}{3} = \boxed{} + \dfrac{2}{3} = \dfrac{}{3} + \dfrac{2}{3} = \dfrac{}{3}$

07. $2\dfrac{1}{2} = \boxed{} + \dfrac{1}{2} = \dfrac{}{} + \dfrac{1}{2} = \dfrac{}{}$

08. $\dfrac{3}{2} = \dfrac{}{2} + \dfrac{}{2} = \boxed{} + \dfrac{}{2} = \boxed{}{2}$

09. $\dfrac{8}{3} = \dfrac{}{} + \dfrac{}{} = \boxed{} + \dfrac{}{} = \dfrac{}{}$

10. $\dfrac{12}{5} = \dfrac{}{} + \dfrac{}{} = \boxed{} + \dfrac{}{} = \dfrac{}{}$

※ 자연수와 가분수로 이루어 진 분수는 잘못된 분수입니다. 꼭 분자가 더 작은 진분수와 만나야 대분수가 됩니다.

64 대분수와 가분수의 크기 비교

Mon 월 일
🕐 분 초
8 문제 중 문제 맞았기!

 대분수와 가분수가 썪여있는 분수의 크기 비교 ①

$1\frac{3}{4}$ 과 $\frac{6}{4}$ 의 크기를 비교할때,

$1\frac{3}{4}$ 를 가분수 $\frac{7}{4}$ 로 만들어 비교합니다.

$$1\frac{3}{4} = \frac{7}{4} \;\bigl(>\bigr)\; \frac{6}{4}$$

※ 분모가 같으면 분자가 큰 것이 큽니다.

대분수와 가분수가 썪여있는 분수의 크기 비교 ②

$1\frac{3}{4}$ 과 $\frac{6}{4}$ 의 크기를 비교할때,

$\frac{6}{4}$ 을 대분수 $1\frac{2}{4}$ 로 만들어 비교합니다.

$$1\frac{3}{4} \;\bigl(>\bigr)\; \frac{6}{4} = 1\frac{2}{4}$$

※ 자연수가 큰 것이 크고 자연수와 분모가 같으면 분자가 큰 것이 큽니다.

 대분수를 가분수로 고쳐 크기를 비교하세요.

01. 가분수 $\boxed{\dfrac{}{}} = 2\frac{2}{3} \;\bigcirc\; \frac{7}{3}$

02. 가분수 $\boxed{\dfrac{}{}} = 2\frac{2}{5} \;\bigcirc\; \frac{13}{5}$

03. $\frac{6}{4} \;\bigcirc\; 1\frac{3}{4} = \boxed{\dfrac{}{}}$ 가분수

04. $\frac{9}{6} \;\bigcirc\; 1\frac{2}{6} = \boxed{\dfrac{}{}}$ 가분수

 가분수를 대분수로 고쳐 크기를 비교하세요.

05. $3\frac{1}{2} \;\bigcirc\; \frac{9}{2} = \boxed{\dfrac{}{}}$ 대분수

06. $2\frac{1}{6} \;\bigcirc\; \frac{11}{6} = \boxed{\dfrac{}{}}$ 대분수

07. 대분수 $\boxed{\dfrac{}{}} = \frac{14}{5} \;\bigcirc\; 2\frac{3}{5}$

08. 대분수 $\boxed{\dfrac{}{}} = \frac{7}{4} \;\bigcirc\; 2\frac{1}{4}$

※ 대분수로 통일 시키든지, 가분수로 통일시키든지 한 가지로 통일시켜서 크기를 비교합니다.
대분수일 때는 자연수 부분이 큰 분수가 더 크고, 진분수나 가분수는 분자가 더 큰 분수가 더 큽니다.

이어서 나는 ⬚⬚⬚ 을(를) 공부/연습할거야!

65 분수 (생각문제2)

문제) 집에 있던 빵 **10**개 중 $\dfrac{2}{5}$ 를 먹었습니다. 먹은 빵은 몇 개 일까요?

풀이) 전체 빵 수 = **10**개,   먹은 양 = $\dfrac{2}{5}$

10의 $\dfrac{1}{5}$ 은 **2**이므로 **10**의 $\dfrac{2}{5}$ 는 **4**입니다.

그러므로, 빵 **4**개를 먹었습니다.   답) **4**개

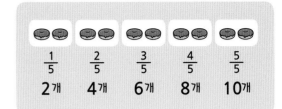

$\frac{1}{5}$	$\frac{2}{5}$	$\frac{3}{5}$	$\frac{4}{5}$	$\frac{5}{5}$
2개	**4**개	**6**개	**8**개	**10**개

아래의 문제를 풀어보세요.

01. 사탕 **15**개 중 $\dfrac{3}{5}$ 이 내 것입니다. 내 것은 몇 개일까요?

풀이) 전체 수 = ☐ 개   분수로 내 것 = —

15의 $\dfrac{1}{5}$ 은 ☐ 이므로, $\dfrac{3}{5}$ 은 ☐ 입니다.

그러므로 내 것은 ☐ 개 입니다.

답) ☐ 개

02. 시험을 쳤는데 **14**문제 중 $\dfrac{2}{7}$ 나 틀렸습니다. 틀린 문제는 몇 문제 일까요?

풀이) 전체 수 = ☐ 문제   틀린 문제의 분수 = —

14의 $\dfrac{1}{7}$ 은 ☐ 이므로, $\dfrac{2}{7}$ 는 ☐ 입니다.

그러므로 틀린 문제 수는 ☐ 문제 입니다.

답) ☐ 문제

03. 3주(**21**일) 동안 책을 읽기로 했는데 $\dfrac{2}{3}$ 를 실천 했다고 합니다. 몇 일동안 책을 보았을까요?

(식 2점
답 1점)

풀이)

답) _____ 일

04. 내가 문제를 만들어 풀어 봅니다. (분수)

(문제 2점
식 2점
답 1점)

풀이)

답) _____

88

확인 (틀린 문제의 수를 적고, 약한 부분을 보충하세요.)

회차	틀린문제수
61 회	문제
62 회	문제
63 회	문제
64 회	문제
65 회	문제

오답노트 (앞에서 틀린 문제나 기억하고 싶은 문제를 적습니다.)

회	번
문제	풀이

회	번
문제	풀이

회	번
문제	풀이

회	번
문제	풀이

회	번
문제	풀이

생각해보기 (배운 내용이 모두 이해 되었나요?)

■ 모두 이해하고 자신있다. → 다음 회로 넘어 갑니다.

■ 1~2문제 틀릴 수는 있겠지만 거의 이해한다.
→ 개념부분을 한번 더 읽고 다음 회로 넘어 갑니다.

■ 잘 모르는 것 같다.
→ 개념부분과 　　　를 한번 더 보고 다음 회로 넘어 갑니다.

 소리내 풀기 ☐ 안에 있는 수 중 가장 큰 수와 가장 작은 수를 구하세요.

보기

$\dfrac{7}{3}$ 2 $1\dfrac{2}{3}$

가분수로
고쳐서 풀기 $\dfrac{7}{3}$ $\dfrac{6}{3}$ $\dfrac{5}{3}$

대분수로
고쳐서 풀기 $2\dfrac{1}{3}$ 2 $1\dfrac{2}{3}$

가장 큰 수 : $\dfrac{7}{3}$

가장 작은 수 : $1\dfrac{2}{3}$

---

01. $\dfrac{3}{2}$ $2\dfrac{1}{2}$ 3

가장 큰 수 :

가장 작은 수 :

---

02. $1\dfrac{3}{4}$ 1 $\dfrac{6}{4}$

가장 큰 수 :

가장 작은 수 :

---

03. 4 $\dfrac{19}{5}$ $3\dfrac{1}{5}$

가장 큰 수 :

가장 작은 수 :

---

04. $\dfrac{9}{4}$ 2 $2\dfrac{3}{4}$

가장 큰 수 :

가장 작은 수 :

---

05. $\dfrac{5}{6}$ $1\dfrac{1}{6}$ 1

가장 큰 수 :

가장 작은 수 :

---

06. $5\dfrac{2}{3}$ 6 $\dfrac{21}{3}$

가장 큰 수 :

가장 작은 수 :

---

07. 3 $\dfrac{7}{2}$ $2\dfrac{1}{2}$

가장 큰 수 :

가장 작은 수 :

※ 답을 적을 때는 문제에 있는 수를 답으로 적어야 합니다. (가분수나 대분수로 고쳐서 답을 적으면 틀린 답입니다.)

10의 $\frac{1}{5}$ 를 수식으로는 10÷5×1로 구합니다.

$$10의 \frac{1}{5} = 10 \div 5 \times 1 = 2$$

10의 $\frac{1}{5}$ 는 앞의 수에 분모로 나누고, 분자를 곱해주면 값을 알 수 있습니다. → 5묶음 중 1묶음은 2입니다.

10의 $\frac{2}{5}$ 를 수식으로는 10÷5×2로 구합니다.

$$10의 \frac{2}{5} = \underset{1묶음의 수}{10 \div 5} \underset{분자}{\times 2} = 4$$

10÷5는 전체를 분모로 나누면 1묶음의 수가 나오는 수식이고, 그 1묶음의 수에 ×분자를 하면 구하는 값을 알 수 있습니다.

수식을 이용하여 아래를 풀어보세요.

01.
$$8의 \frac{1}{4} = 8 \div 4 \times 1 = \boxed{}$$

$\frac{1}{4}$ = 2, $\frac{2}{4}$ = 4, $\frac{3}{4}$ = 6, $\frac{4}{4}$ = 8

02.
$$20의 \frac{3}{4} = \boxed{} \div \boxed{} \times \boxed{} = \boxed{}$$

$\frac{1}{4}$ = 5, $\frac{2}{4}$ = 10, $\frac{3}{4}$ = 15, $\frac{4}{4}$ = 20

03.
$$24의 \frac{3}{6} = \boxed{} \div \boxed{} \times \boxed{} = \boxed{}$$

04.
$$28의 \frac{3}{4} = 28 \boxed{} 4 \boxed{} 3 = \boxed{}$$

05.
$$42의 \frac{3}{7} = 42 \boxed{} 7 \boxed{} 3 = \boxed{}$$

06.
$$27의 \frac{2}{3} = \boxed{}$$

07.
$$21의 \frac{4}{7} = \boxed{}$$

08.
$$36의 \frac{2}{6} = \boxed{}$$

대분수를 가분수로 바꾸는 수식

$$\text{자연수}\frac{\text{분자}}{\text{분모}} = \frac{\text{자연수} \times \text{분모} + \text{분자}}{\text{분모}}$$

대분수를 **가분수**로 바꾸는 방법은 분모는 그대로 두고,

분자에 자연수 × 분모 + 분자를 계산 해 줍니다.

$1\frac{3}{4}$ 을 가분수로 바꾸면 $\frac{7}{4}$ 이 됩니다.

$$1\frac{3}{4} = \frac{1 \times 4 + 3}{4} = \frac{7}{4}$$

자연수 1 $= \frac{2}{2},\ \frac{3}{3},\ \frac{4}{4},$

자연수 2 $= \frac{4}{2}(=\frac{2\times2}{2}),\ \frac{6}{3}(=\frac{2\times3}{3}),\ \frac{8}{4}(=\frac{2\times4}{4}),\ ...$

수식을 이용하여 아래를 풀어보세요.

01. $1\frac{2}{3} = \boxed{} + \frac{2}{3} = \frac{\boxed{}}{3} + \frac{2}{3} = \frac{\boxed{}}{3}$

02. $1\frac{2}{3} = \frac{1 \times 3 + 2}{3} = \frac{\boxed{}}{3}$

03. $3\frac{1}{4} = \boxed{} + \frac{1}{4} = \frac{\boxed{}}{4} + \frac{1}{4} = \frac{\boxed{}}{4}$

04. $3\frac{1}{4} = \frac{\boxed{} \times \boxed{} + \boxed{}}{\boxed{}} = \frac{\boxed{}}{4}$

05. $4\frac{1}{2} = \frac{\boxed{} \times \boxed{} + \boxed{}}{\boxed{}} = \frac{\boxed{}}{2}$

06. $6\frac{2}{5} = \frac{\boxed{} \times \boxed{} + \boxed{}}{\boxed{}} = \frac{\boxed{}}{5}$

07. $5\frac{3}{4} = \frac{\boxed{}}{4}$

08. $2\frac{1}{9} = \frac{\boxed{}}{9}$

69 분수의 수식 (3)

가분수를 대분수로 바꾸는 수식

분자 ÷ 분모 = 몫…나머지 ➡ 몫 $\dfrac{나머지}{분모}$

가분수를 **대분수**로 바꾸는 방법은 분자÷분모를 해서

몫은 자연수로, 나머지는 분자에 적어 줍니다.

$\dfrac{7}{4}$을 대분수로 바꾸면 $1\dfrac{3}{4}$이 됩니다.

$\dfrac{7}{4}$ ➡ 7 ÷ 4 = 1 … 3 이므로

대분수로는 $1\dfrac{3}{4}$ 이 됩니다.

※ 왜 그런지 곰곰히 생각해 보고, 모르겠으면, 일단 넘어갑니다.
다음 과정에서 자세히 설명 됩니다.

수식을 이용하여 아래를 풀어보세요.

01. $\dfrac{5}{2} = \dfrac{}{2} + \dfrac{}{2} = \boxed{} + \dfrac{}{2} = \dfrac{}{}$

02. $\dfrac{5}{2}$ ➡ 5 ÷ 2 = 2 … 1 대분수: $\dfrac{}{}$

03. $\dfrac{8}{3} = \dfrac{}{3} + \dfrac{}{3} = \boxed{} + \dfrac{}{3} = \dfrac{}{}$

04. $\dfrac{8}{3}$ ➡ 8 ÷ 3 = $\boxed{}$ … $\boxed{}$ 대분수: $\dfrac{}{}$

05. $\dfrac{13}{4}$ ➡ 13 ÷ 4 = $\boxed{}$ … $\boxed{}$ 대분수: $\dfrac{}{}$

06. $\dfrac{27}{5}$ ➡ 27 ÷ 5 = $\boxed{}$ … $\boxed{}$ 대분수: $\dfrac{}{}$

07. $\dfrac{17}{4} = \dfrac{}{}$ 대분수

08. $\dfrac{34}{5} = \dfrac{}{}$ 대분수

 □ 안에 알맞은 수를 적으세요.

01. 36의 $\dfrac{2}{9}$ = □ ÷ □ × □ = □

02. 49의 $\dfrac{3}{7}$ = □

03. $5\dfrac{3}{8}$ = $\dfrac{□ × □ + □}{□}$ = $\dfrac{□}{8}$

04. $7\dfrac{5}{6}$ = $\dfrac{□}{6}$

05. $\dfrac{43}{7}$ ➡ 43 ÷ 7 = 6 ⋯ 1   대분수: □

06. $\dfrac{29}{9}$ ➡ _____   대분수: □

 네모 안에 있는 수 중 가장 큰 수와 가장 작은 수를 찾아 적으세요.

07. | $\dfrac{13}{2}$ | 5 | $4\dfrac{1}{2}$ |

가장 큰 수: □

가장 작은 수: □

08. | $\dfrac{11}{4}$ | $2\dfrac{1}{4}$ | 3 |

가장 큰 수: □

가장 작은 수: □

09. | $6\dfrac{2}{7}$ | 6 | $\dfrac{45}{7}$ |

가장 큰 수: □

가장 작은 수: □

10. | 4 | $\dfrac{19}{5}$ | $3\dfrac{3}{5}$ |

가장 큰 수: □

가장 작은 수: □

확인 (틀린 문제의 수를 적고, 약한 부분을 보충하세요.)

회차	틀린문제수
66 회	문제
67 회	문제
68 회	문제
69 회	문제
70 회	문제

오답노트 (앞에서 틀린 문제나 기억하고 싶은 문제를 적습니다.)

회	번
문제	풀이

회	번
문제	풀이

회	번
문제	풀이

회	번
문제	풀이

회	번
문제	풀이

생각해보기 (배운 내용이 모두 이해되었나요?)

■ 모두 이해하고 자신있다. → 다음 회로 넘어 갑니다.

■ 1~2문제 틀릴 수는 있겠지만 거의 이해한다.

　→ 개념부분을 한번 더 읽고 다음 회로 넘어 갑니다.

■ 잘 모르는 것 같다.

　→ 개념부분과 　　　 를 한번 더 보고 다음 회로 넘어 갑니다.

 아래 곱셈의 값을 구하세요.

01. $62 \times 6 =$ ☐ ☐

02. $83 \times 7 =$ ☐ ☐

03. $24 \times 5 =$ ☐ ☐

04. $73 \times 4 =$ ☐ ☐

05. $48 \times 3 =$ ☐ ☐

06. $57 \times 8 =$ ☐ ☐

07. $63 \times 9 =$ ☐ ☐

08. $86 \times 2 =$ ☐ ☐

이어서 나는 ━━ ━━ ━━ 을(를) 공부/연습할거야!!

두 자릿수의 곱셈 방법을 생각해서 세 자릿수의 곱셈도 계산해 봅니다.

01. 2 7 6 × 4 = □□□

※ 십의 자리 값 8 + 받아 올림 된 2 = 0 이되고
   백의 자리에 1을 더 올려줍니다.

05. 6 9 7 × 3 = □□□

02. 6 1 8 × 3 = □□□

06. 3 8 6 × 2 = □□□

03. 4 2 5 × 6 = □□□

07. 4 8 6 × 7 = □□□

04. 1 7 5 × 5 = □□□

08. 5 9 9 × 4 = □□□

 두 자릿수와 두 자릿수의 곱셈을 아래와 같이 세로 셈으로 풀어보세요.

01.
```
      2 6
  ×   1 7
```
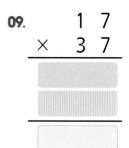
← 26 × 7
← 26 × 10
← ▨ + ⫼

05.
```
      6 9
  ×   1 2
```

09.
```
      1 7
  ×   3 7
```

02.
```
      3 2
  ×   2 4
```

06.
```
      3 7
  ×   2 4
```

10.
```
      4 5
  ×   1 4
```

03.
```
      1 4
  ×   2 8
```

07.
```
      2 8
  ×   1 5
```

11.
```
      3 6
  ×   2 7
```

04.
```
      2 5
  ×   2 7
```

08.
```
      5 1
  ×   1 6
```

12.
```
      2 1
  ×   4 7
```

월 일
분 초
12 문제 중
문제 맞았어!

이어서 나는 ____ 을(를) 공부/연습할거야!

아래 식을 계산하여 값을 적으세요.

01. 15 × 28 = ☐

```
    1 5
×   2 8
```

02. 22 × 34 = ☐

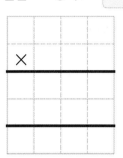

03. 36 × 15 = ☐

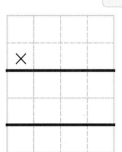

04. 19 × 26 = ☐

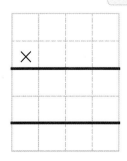

05. 23 × 39 = ☐

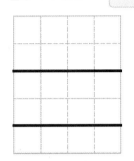

06. 14 × 53 = ☐

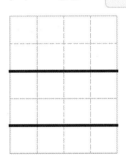

07. 35 × 19 = ☐

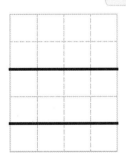

08. 12 × 47 = ☐

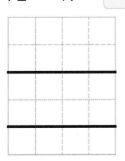

09. 30 × 23 = ☐

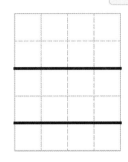

10. 63 × 13 = ☐

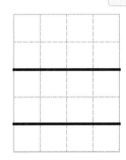

11. 12 × 39 = ☐

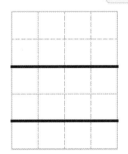

12. 26 × 18= ☐

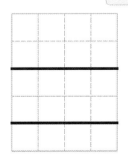

소리내 풀기

아래 식을 계산하여 값을 적으세요.

01. $17 \times 23 =$

02. $20 \times 32 =$

03. $27 \times 23 =$

04. $12 \times 19 =$

05. $42 \times 15 =$

06. $62 \times 13 =$

07. $24 \times 39 =$

08. $15 \times 57 =$

09. $81 \times 12 =$

10. $25 \times 38 =$

11. $63 \times 15 =$

12. $18 \times 29 =$

확인 (틀린 문제의 수를 적고, 약한 부분을 보충하세요.)

회차	틀린문제수
71 회	문제
72 회	문제
73 회	문제
74 회	문제
75 회	문제

오답노트 (앞에서 틀린 문제나 기억하고 싶은 문제를 적습니다.)

회	번
문제	풀이

회	번
문제	풀이

회	번
문제	풀이

회	번
문제	풀이

회	번
문제	풀이

생각해보기 (배운 내용이 모두 이해 되었나요?)

■ 모두 이해하고 자신있다. → 다음 회로 넘어 갑니다.

■ 1~2문제 틀릴 수는 있겠지만 거의 이해한다.
→ 개념부분을 한번 더 읽고 다음 회로 넘어 갑니다.

■ 잘 모르는 것 같다.
→ 개념부분과 　　　를 한번 더 보고 다음 회로 넘어 갑니다.

소리내 풀기 아래 식을 계산하여 값을 적으세요.

01. 36 ÷ 2 =

2) 3 6

01. 95 ÷ 5 =

07. 64 ÷ 2 =

10. 65 ÷ 5 =

02. 84 ÷ 6 =

6) 8 4

05. 98 ÷ 7 =

08. 92 ÷ 4 =

11. 72 ÷ 2 =

03. 72 ÷ 3 =

3) 7 2

06. 78 ÷ 6 =

099. 51 ÷ 3 =

12. 90 ÷ 6 =

아래 식을 계산하여 값을 적으세요.

01. $36 \div 2 =$ ☐

검산식)
$18 \times 2 = 36$

02. $42 \div 3 =$ ☐

검산식)

03. $65 \div 5 =$ ☐

검산식)

04. $51 \div 3 =$ ☐

검산식)

05. $92 \div 4 =$ ☐

검산식)

06. $64 \div 2 =$ ☐

검산식)

07. $96 \div 8 =$ ☐

검산식)

08. $26 \div 2 =$ ☐

검산식)

09. $45 \div 3 =$ ☐

검산식)

이어서 나는 ☐ 을(를) 공부/연습할거야!!

아래 식을 계산하여 값을 적으세요.

01. $79 \div 6 =$ ☐ ⋯ ☐

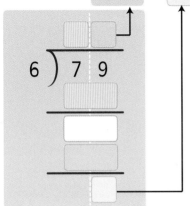

04. $80 \div 3 =$ ☐ ⋯ ☐

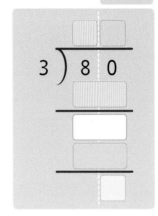

07. $69 \div 6 =$ ☐ ⋯

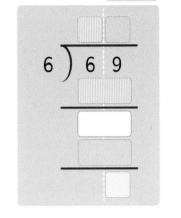

02. $89 \div 8 =$ ☐ ⋯ ☐

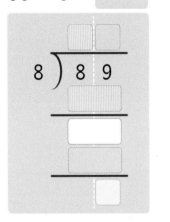

05. $68 \div 5 =$ ☐ ⋯ ☐

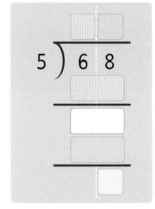

08. $95 \div 4 =$ ☐ ⋯

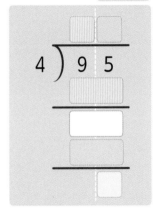

03. $75 \div 4 =$ ☐ ⋯ ☐

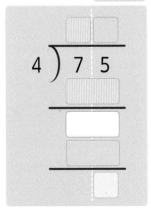

06. $77 \div 2 =$ ☐ ⋯ ☐

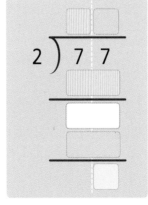

09. $89 \div 7 =$ ☐ ⋯

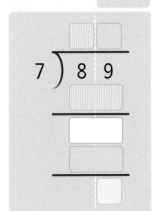

 아래 나눗셈의 몫과 나머지를 구하고, 식과 검산식을 만들어 두 식이 잘 만들었는지 확인하세요.

01.

식)
17 ÷ 2 = ☐ ⋯ ☐

검산식)
2 × ☐ + ☐ = 17

02.

식)
23 ÷ 3 = ☐ ⋯ ☐

검산식)
3 × ☐ + ☐ = 23

03.

식)
26 ÷ 4 = ☐ ⋯ ☐

검산식)
4 × ☐ + ☐ = 26

04.

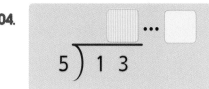

식)
_____

검산식)
_____

05.

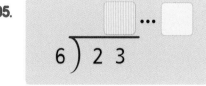

식)
_____

검산식)
_____

06.

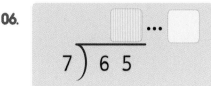

식)
_____

검산식)
_____

07.

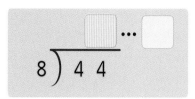

식)
_____

검산식)
_____

08.

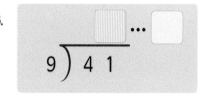

식)
_____

검산식)
_____

09.

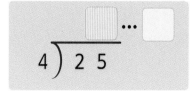

식)
_____

검산식)
_____

80 두 자릿수의 **나눗셈** (연습10)

 소리내 풀기

아래 나눗셈의 몫과 나눗셈을 구하고, 검산식을 만들어 그 값이 맞는지 확인하세요.

01. 88 ÷ 3 = ☐ ⋯ ☐

검산식)
$29 × 3 + 1 = 88$

02. 75 ÷ 2 = ☐ ⋯ ☐

검산식)

03. 69 ÷ 6 = ☐ ⋯ ☐

검산식)

04. 99 ÷ 4 = ☐ ⋯ ☐

검산식)

05. 50 ÷ 3 = ☐ ⋯ ☐

검산식)

06. 85 ÷ 2 = ☐ ⋯ ☐

검산식)

07. 97 ÷ 5 = ☐ ⋯ ☐

검산식)

08. 73 ÷ 3 = ☐ ⋯ ☐

검산식)

09. 95 ÷ 4 = ☐ ⋯ ☐

검산식)

확인 (틀린 문제의 수를 적고, 약한 부분을 보충하세요.)

회차	틀린문제수
76 회	문제
77 회	문제
78 회	문제
79 회	문제
80 회	문제

오답노트 (앞에서 틀린 문제나 기억하고 싶은 문제를 적습니다.)

회	번
문제	풀이

회	번
문제	풀이

회	번
문제	풀이

회	번
문제	풀이

회	번
문제	풀이

생각해보기 (배운 내용이 모두 이해 되었나요?)

■ 모두 이해하고 자신있다. → 다음 회로 넘어 갑니다.

■ 1~2문제 틀릴 수는 있겠지만 거의 이해한다.
→ 개념부분을 한번 더 읽고 다음 회로 넘어 갑니다.

■ 잘 모르는 것 같다.
→ 개념부분과 틀린문제를 한번 더 보고 다음 회로 넘어 갑니다.

소리내 풀기

식을 계산하고, ▨와 ☐에 들어갈 알맞은 수를 적으세요.

01. $25 \div 5$
=
 $\times\ 5$

25 ÷ 5 의 값을
적으세요.

▨ × 5 의 값을
적으세요.

02. $36 \div 9$
=
☐ $\times\ 9$
=

03. $49 \div 7$
=
☐ $\times\ 7$
=

04. $24 \div 4$
=
☐ $\times\ 4$
=

05. $14 \div 2$
=
 $\times\ 7$
=

06. $32 \div 4$
=
☐ $\times\ 8$
=

07. $30 \div 6$
=
☐ $\times\ 5$
=

08. $15 \div 5$
=
☐ $\times\ 3$
=

09. $18 \div 3$
=
☐ $\times\ 6$
=

10. $49 \div 7$
=
☐ $\times\ 8$
=

11. $72 \div 9$
=
☐ $\times\ 8$
=

12. $40 \div 8$
=
☐ $\times\ 5$
=

※ 곱셈과 나눗셈은 반대의 성질을 가지고 있습니다. 같은 수를 빼고, 더하면 처음 수가 나오듯 (5−2+2=5),
같은 수를 나누고, 곱하면 처음의 수가 됩니다. (8 ÷ 2 × 2 = 8)

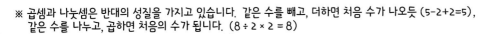

수 3개의 식을 계산하여 ☐ 에 값을 적으세요.

01. $24 \div 3 \times 2 =$ ☐

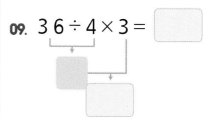

24 ÷ 3 의 값을
적으세요.

☐ × 2 의 값을
적으세요.

02. $12 \div 6 \times 3 =$ ☐

03. $20 \div 4 \times 9 =$ ☐

04. $27 \div 9 \times 5 =$ ☐

05. $28 \div 7 \times 4 =$ ☐

06. $72 \div 8 \times 8 =$ ☐

07. $63 \div 9 \times 7 =$ ☐

08. $16 \div 2 \times 6 =$ ☐

09. $36 \div 4 \times 3 =$ ☐

10. $10 \div 5 \times 4 =$ ☐

11. $27 \div 3 \times 3 =$ ☐

12. $12 \div 2 \times 4 =$ ☐

※ 수 3개의 식을 계산하는 방법은 앞에서 부터 차근차근 계산합니다.
　곱셈과 나눗셈도 덧셈과 뺄셈같이 같은 수를 나누고, 곱하면 처음의 수가 됩니다. (5-2+2=5,　8÷2×2＝8)

소리내
풀기 아래 문제를 풀어서 값을 빈칸에 적으세요.

01.
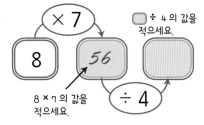

8 × 7 의 값을 적으세요.

☐ ÷ 4 의 값을 적으세요.

04.
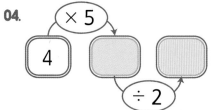

07.
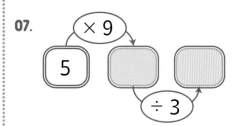

02.
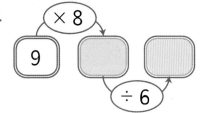

05.
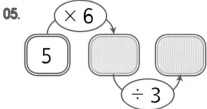

08.
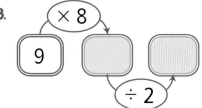

03.
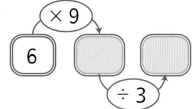

06.
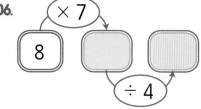

09.
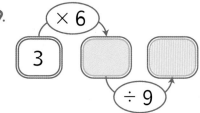

위의 숫자가 아래의 통에 들어가면 나오는 수를 계산해서 ▨ 에 적으세요.

01.

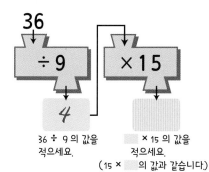

36
÷9 ×15
4

36 ÷ 9 의 값을
적으세요.

▨ × 15 의 값을
적으세요.
(15 × ▨ 의 값과 같습니다.)

04.

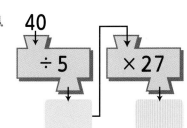

40
÷5 ×27

07.

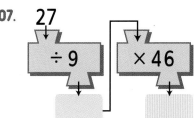

27
÷9 ×46

02.

18
÷2 ×11

05.

27
÷3 ×34

08.

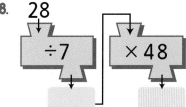

28
÷7 ×48

03.

28
÷4 ×23

06.

10
÷2 ×37

09.

54
÷6 ×25

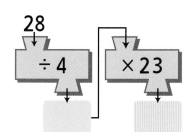

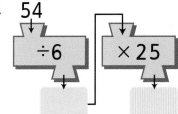

※ 수 3개의 계산은 특별한 말이 없는 한 순서대로 계산합니다. 특히 ÷, − 는 순서를 앞 뒤로 바꾸면 안됩니다.
곱셈만 있는 식은 순서를 바꿔 계산해도 됩니다. (■ × □□ = □□ × ■)

월 일
분 초

4 문제 중
문제 맞

소리내
풀기

보기와 같이 옆의 두 수를 계산해서 옆에 적고, 밑의 두 수를 계산해서 밑에 적으세요.

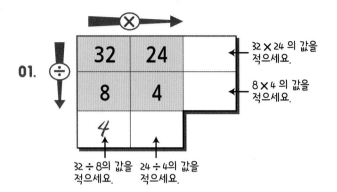

01.

32 × 24 의 값을 적으세요.

8 × 4 의 값을 적으세요.

32 ÷ 8의 값을 적으세요. 24 ÷ 4의 값을 적으세요.

03.

×		
50	15	
2	5	

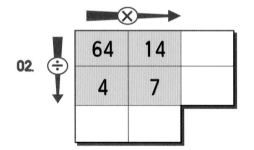

02.

×		
64	14	
4	7	

04.

×		
42	21	
6	3	

확인 (틀린 문제의 수를 적고, 약한 부분을 보충하세요.)

회차	틀린문제수
81 회	문제
82 회	문제
83 회	문제
84 회	문제
85 회	문제

오답노트 (앞에서 틀린 문제나 기억하고 싶은 문제를 적습니다.)

회	번
문제	풀이

회	번
문제	풀이

회	번
문제	풀이

회	번
문제	풀이

회	번
문제	풀이

생각해보기 (배운 내용이 모두 이해 되었나요?)

■ 모두 이해하고 자신있다. → 다음 회로 넘어 갑니다.

■ 1~2문제 틀릴 수는 있겠지만 거의 이해한다.
→ 개념부분을 한번 더 읽고 다음 회로 넘어 갑니다.

■ 잘 모르는 것 같다.
→ 개념부분과 틀린문제를 한번 더 보고 다음 회로 넘어 갑니다.

86 세 자릿수의 덧셈 (1)

278+354의 계산 ② (각자의 자리 수끼리 바로 더하기)

일의 자리부터 각자의 자리 수끼리 더하여 받아 올림을 표시하고 바로 각자의 자리에 적습니다. (아래에서 받아 올림이 있으면 같이 더합니

① 일의 자리 수를 더해 일의 자리에 적습니다. 받아 올림이 있으면 위에 표시합니다.

278+354= 2

8+4=12

② 십의 자리 수를 더해 십의 자리에 적습니다. 받아 올림이 있으면 같이 더합니다.

278+354= 32

7+5+받아 올림1=13

③ 백의 자리 수를 더해 백의 자리에 적습니다. 받아 올림이 있으면 같이 더합니다.

278+354=632

2+3+받아 올림1=6

아래 문제의 □에 알맞은 수를 적으세요.

01. $489+314=$ ☐☐

02. $273+458=$ ☐☐

03. $645+297=$ ☐☐

04. $216+497=$ ☐☐

05. $357+166=$ ☐☐

06. $536+378=$ ☐☐

07. $245+475=$ ☐☐

08. $437+177=$ ☐☐

09. $548+362=$ ☐☐

10. $494+206=$ ☐☐

11. $524+276=$ ☐☐

12. $138+397=$ ☐☐

아래 식을 계산하여 값을 적으세요.

01. 135+176=

02. 342+269=

03. 423+277=

04. 158+425=

05. 362+165=

06. 467+274=

07. 256+649=

08. 138+397=

09. 286+257=

10. 198+494=

11. 185+768=

12. 466+379=

13. 527+273=

14. 325+196=

15. 575+268=

88 세 자릿수의 덧셈 (2)

9 문제 중 문제 맞

568 + 374 의 계산

① 568+374를
아래와 같이 적습니다.

```
    5 6 8
  + 3 7 4
  ─────────
```
자리에 맞게 적습니다.

② 일의 자리끼리
더해줍니다.

```
        1
    5 6 8
  + 3 7 4
  ─────────
        2
```
8+4=12
10이 넘으면 받아 올림 합니다.

③ 십의 자리끼리
더해줍니다.

```
    1 1
    5 6 8
  + 3 7 4
  ─────────
      4 2
```
6+7+받아 올림 한 1=14
10이 넘으면 받아 올림 합니다.

④ 백의 자리끼리
더해줍니다.

```
    1 1
    5 6 8
  + 3 7 4
  ─────────
    9 4 2
```
5+3+받아 올림 한 1=9

식을 밑으로 적어서 계산하고, 값을 적으세요.

01. 256+369 =

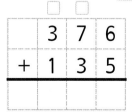

04. 409+299 =

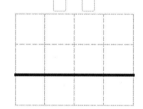

07. 223+278 =

02. 168+567 =

```
  □ □
    1 6 8
  + 5 6 7
  ─────────
```

05. 178+316 =

08. 273+639 =

03. 376+135 =

```
  □ □
    3 7 6
  + 1 3 5
  ─────────
```

06. 289+370 =

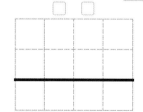

09. 159+295 =

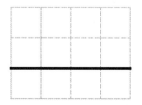

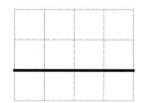

이어서 나는 ⬚⬚⬚⬚⬚ 을(를) 공부/연습할거야!!

받아 올림에 주의하여 계산해 보세요.

01.

```
    2  5  4
+   3  6  9
```

02.

```
    4  4  6
+   3  8  5
```

03.

```
    2  8  4
+   1  1  9
```

04.

```
    2  5  4
+   4  9  7
```

05.

```
    6  6  3
+   1  3  9
```

06.

```
    2  4  5
+   6  7  8
```

07.

```
    2  8  3
+   2  3  8
```

08.

```
    4  8  6
+   3  8  6
```

09.

```
    1  0  5
+   5  9  8
```

10.

```
    6  5  7
+   1  5  7
```

11.

```
    3  6  8
+   1  7  3
```

12.

```
    2  3  8
+   4  2  5
```

13.

```
    7  4  3
+   1  6  8
```

14.

```
    2  4  6
+   5  6  7
```

15.

```
    4  8  8
+   4  5  4
```

90 세 자릿수의 덧셈 (연습3)

Mon 월   일
분   초
15문제 중
문제 맞

소리내 풀기

아래 식을 계산하여 값을 적으세요.

01. 159+676=

02. 253+489=

03. 172+375=

04. 578+273=

05. 324+197=

06. 283+624=

07. 129+318=

08. 582+359=

09. 387+544=

10. 549+132=

11. 255+273=

12. 444+389=

13. 228+405=

14. 477+236=

15. 484+227=

이어서 나는 _____ 을(를) 공부/연습할거야!!

확인 (틀린 문제의 수를 적고, 약한 부분을 보충하세요.)

회차	틀린문제수
86 회	문제
87 회	문제
88 회	문제
89 회	문제
90 회	문제

오답노트 (앞에서 틀린 문제나 기억하고 싶은 문제를 적습니다.)

회	번
문제	풀이

회	번
문제	풀이

회	번
문제	풀이

회	번
문제	풀이

회	번
문제	풀이

생각해보기 (배운 내용이 모두 이해 되었나요?)

■ 모두 이해하고 자신있다. → 다음 회로 넘어 갑니다.

■ 1~2문제 틀릴 수는 있겠지만 거의 이해한다.
→ 개념부분을 한번 더 읽고 다음 회로 넘어 갑니다.

■ 잘 모르는 것 같다.
→ 개념부분과 틀린문제를 한번 더 보고 다음 회로 넘어 갑니다.

752 - 274의 계산 ② (각자의 자리 수끼리 바로 더하기)

일의 자리부터 각자의 자리 수끼리 더하여 받아올림을 표시하고 바로 각자의 자리에 적습니다. (아래에서 받아올림이 있으면 같이 더합니다.)

① 일의 자리 수를 빼서 일의 자리에 적습니다. 뺄 수 없을 때는 받아내림 해서 뺍니다.	② 십의 자리 수를 빼서 십의 자리에 적습니다. 받아내림 해준것과 한것을 생각해서 뺍니다.	③ 백의 자리 수를 더해 백의 자리에 적습니다. 받아내림 해준 것을 생각해서 뺍니다.
$752 - 274 = \boxed{8}$ $12-4=8$	$752 - 274 = \boxed{78}$ $10+4-7=7$	$752 - 274 = 478$ $6-2=4$

아래 문제의 ☐ 에 알맞은 수를 적으세요.

01. $503 - 348 =$ ☐

02. $721 - 463 =$ ☐

03. $670 - 572 =$ ☐

04. $850 - 592 =$ ☐

05. $624 - 128 =$ ☐

06. $731 - 353 =$ ☐

07. $434 - 158 =$ ☐

08. $542 - 325 =$ ☐

09. $741 - 253 =$ ☐

10. $831 - 195 =$ ☐

11. $625 - 468 =$ ☐

12. $606 - 477 =$ ☐

 아래 식을 계산하여 값을 적으세요.

01. $523 - 158 =$ ☐

02. $914 - 128 =$ ☐

03. $355 - 296 =$ ☐

04. $513 - 162 =$ ☐

05. $473 - 286 =$ ☐

06. $642 - 275 =$ ☐

07. $813 - 137 =$ ☐

08. $917 - 529 =$ ☐

09. $825 - 449 =$ ☐

10. $931 - 376 =$ ☐

11. $967 - 378 =$ ☐

12. $746 - 259 =$ ☐

13. $235 - 127 =$ ☐

14. $635 - 297 =$ ☐

15. $814 - 465 =$ ☐

※ 지금은 계산하는 법을 배우는 과정입니다.
  빨리 풀려고 하지말고, 푸는 방법을 이해하고 천천히 정확히 풀도록 합니다.

93 세 자릿수의 뺄셈 (2)

 512 − 364 의 계산

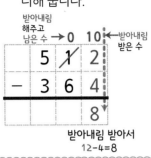  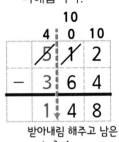

 식을 밑으로 적어서 계산하고, 값을 적으세요.

01. 356 − 178 =

```
  3 5 6
−  1 7 8
```

02. 573 − 394 =

```
  5 7 3
− 3 9 4
```

03. 467 − 268 =

```
  4 6 7
− 2 6 8
```

04. 483 − 197 =

05. 624 − 389 =

06. 570 − 296 =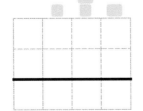

07. 536 − 438 =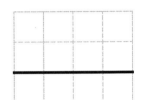

08. 777 − 379 =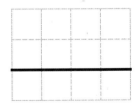

09. 964 − 388 =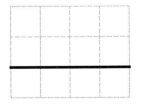

※ 많이 계산하다 보면 받아내림한 10은 잘 표시하지 않습니다.
지금은 처음 배우는 것이므로 꼭 받아내림과 받아올림 모두 표시하도록 합니다.

Mon 월 일
분 초
15 문제 중
문제
맞았어!

받아 올림에 주의하여 계산해 보세요.

01.
```
    6 2 4
  - 3 5 4
```

02.
```
    6 9 2
  - 3 6 7
```

03.
```
    7 4 1
  - 5 6 9
```

04.
```
    9 5 3
  - 1 0 8
```

05.
```
    6 0 7
  - 3 5 7
```

06.
```
    9 7 7
  - 8 8 9
```

07.
```
    8 3 4
  - 5 8 6
```

08.
```
    4 1 9
  - 2 6 3
```

09.
```
    8 3 6
  - 4 5 2
```

10.
```
    7 6 7
  - 3 5 6
```

11.
```
    6 5 2
  - 1 9 6
```

12.
```
    5 2 4
  - 3 6 5
```

13.
```
    6 1 7
  - 3 7 8
```

14.
```
    7 7 6
  - 2 0 9
```

15.
```
    4 1 3
  - 1 5 4
```

95 세 자릿수의 뺄셈 (연습3)

 소리내 풀기 아래식을 계산하여 값을 적으세요.

01. 674 - 142 =

02. 463 - 326 =

03. 413 - 135 =

04. 641 - 349 =

05. 986 - 178 =

06. 847 - 378 =

07. 302 - 257 =

08. 669 - 196 =

09. 683 - 589 =

10. 509 - 464 =

11. 835 - 208 =

12. 632 - 287 =

13. 537 - 319 =

14. 907 - 783 =

15. 827 - 458 =

확인 (틀린 문제의 수를 적고, 약한 부분을 보충하세요.)

회차	틀린문제수
91 회	문제
92 회	문제
93 회	문제
94 회	문제
95 회	문제

오답노트 (앞에서 틀린 문제나 기억하고 싶은 문제를 적습니다.)

회	번
문제	풀이

회	번
문제	풀이

회	번
문제	풀이

회	번
문제	풀이

회	번
문제	풀이

생각해보기 (배운 내용이 모두 이해 되었나요?)

■ 모두 이해하고 자신있다. → 다음 회로 넘어 갑니다.

■ 1~2문제 틀릴 수는 있겠지만 거의 이해한다.

　→ 개념부분을 한번 더 읽고 다음 회로 넘어 갑니다.

■ 잘 모르는 것 같다.

　→ 개념부분과 틀린문제를 한번 더 보고 다음 회로 넘어 갑니다.

96 들이의 단위

 우유와 같은 물의 양을 나타내는 것을 들이라고하고 들이의 단위에는 L (리터), mL (밀리리터)가 있습니다.

쓰기	읽기	쓰기	읽기
1L	1리터 일	1mL	1밀리리터 일

※ 편의점에서 파는 종이로 된 큰 우유는 약 1L 이고, 작은 우유는 200mL입니다.

1L (리터)는 1000mL (밀리리터) 입니다.

$$1L = 1000mL$$

$$1000mL = 1L$$

※ 우유, 물, 음료수, 기름 등을 잴 때 들이를 잰다고 합니다.

아래는 길이를 설명한 것입니다. 빈칸에 알맞은 말을 적으세요. (다 적은 후 2번 더 읽어보세요.)

01. 1리터와 1밀리리터를 바르게 3번 써 보세요.

1L

1mL

02. 1000mL는 1 ☐ 이고,

1L는 ☐ mL입니다.

03. 1L는 1mL가 ☐ 개이고,

10mL가 ☐ 개입니다.

04. 1L는 1 ☐ 라고 읽고,

1mL는 1 ☐ 라고 읽습니다.

05. 1500mL는 1L 보다 ☐ mL 더 많고

☐ L ☐ mL 라고도 씁니다.

리터는 밀리리터로, 밀리리터는 리터로 바꾸세요.

06. 2000 mL = ☐ L

07. 2750 mL = 2000 mL + 750 mL

= ☐ L + 750 mL

= ☐ L ☐ mL

08. 3020 mL = ☐ L ☐ mL

09. 2 L 125 mL = ☐ L + 125 mL

= ☐ mL + 125 mL

= ☐ mL

10.

3 L 050 mL = ☐ mL

97 들이의 계산 (L, mL)

2 L 600 mL + 3 L 500 mL의 계산

mL 끼리 먼저 더하고, L 끼리 더합니다.

	1		
	2 L	600	mm
+	3 L	500	mm
	6 L	100	mm

mL를 합한 값이 **1000**이거나, **1000**보다 크면 **1000mL**를 **1L**로 받아 올림 해줍니다.

② 2+3+받아 올림1 =6　　① 600+500=1100 에서 1000을 1 L 로 받아 올림

6 L 200 mL − 3 L 500 mL의 계산

mL 끼리 먼저 빼고, L 끼리 뺍니다.

	5	1000	
	6̸ L	200	mm
−	3 L	500	mm
	2 L	700	mm

빼려고 하는 mL가 커서 뺄 수 없으면 **L**에서 **1L(1000mL)**를 받아내림 해줍니다. (1 L = 1000 mL)

② 받아내림 하고 남은 5 − 3 = 2　　① 받아내림 한 1000 + 200 − 500 = 700

두 길이의 합을 구하세요.

01.

	3 L	200	mm
+	1 L	900	mm
	L		mm

02.

	5 L	520	mm
+	2 L	730	mm
	L		mm

03.

	3 L	650	mm
+	4 L	670	mm
	L		mm

04.

	4 L	368	mm
+	1 L	851	mm
	L		mm

두 길이의 차를 구하세요.

05.

	7 L	400	mm
−	1 L	700	mm
	L	500	mm

06.

	6 L	620	mm
−	3 L	910	mm
	L	500	mm

07.

	5 L	310	mm
−	3 L	620	mm
	L	500	mm

08.

	9 L	276	mm
−	2 L	592	mm
	L	500	mm

※ 1000 mL = 1 L 이므로 1000 mL가 넘으면 받아 올림 합니다.
※ mm의 계산은 3자릿수의 덧셈과 같은 방법으로 계산하고 1000이 넘으면 L로 받아 올림 해 줍니다.

※ 1 L = 1000 mL 이므로 받아내림 하면 1000을 받아내림 합니다.
※ mm의 계산은 3자릿수의 뺄셈과 같은 방법으로 계산합니다.

98 무게의 단위

 돌과 같은 딱딱한 물건의 양을 나타낼 때 무게라고하고 무게의 단위에는 kg (킬로그램), g (그램)이 있습니다.

쓰기	읽기	쓰기	읽기
1kg	1킬로그램	1g	1그램

※ 자신의 몸무게를 잴 때 kg (킬로그램)으로 재고, 고기를 살때 쓰는 1근은 600 g 입니다.

1kg (킬로그램)는 1000g (그램) 입니다.

$$1kg = 1000g$$

$$1000g = 1kg$$

※ 사람 몸무게, 책, 가구, 자동차등을 잴 때 무게를 잰다고 합니다.

 아래는 길이를 설명한 것입니다. 빈칸에 알맞은 말을 적으세요. (다 적은 후 2번 더 읽어보세요.)

01. 1킬로그램과 1그램을 바르게 3번 써 보세요.

1kg

1g

02. 1000g은 1 ☐ 이고,

1kg은 ☐ g 입니다.

03. 1kg은 1g 이 ☐ 개이고,

10 kg 이 ☐ 개입니다.

04. 1kg 은 1 ☐ 이라고 읽고,

1g 은 1 ☐ 이라고 읽습니다.

05. 2600g 는 2kg 보다 ☐ g 더 많고

☐ kg ☐ g 라고도 씁니다.

그램은 킬로그램으로, 킬로그램은 그램으로 바꾸세요.

06. 4000 g = ☐ kg

07. 5120 g = 5000 g + 120 g

= ☐ kg + 120 g

= ☐ kg ☐ g

08. 7002 g = ☐ kg ☐ g

09. 6 kg 365 g = ☐ kg + 365 g

= ☐ g + 365 g

= ☐ g

10. 8 kg 070 g = ☐ g

99 무게의 계산 (kg, g)

2 kg 600 g + 3 kg 500 g 의 계산

g 끼리 먼저 더하고, kg 끼리 더합니다.

	1		
	2	kg	600 g
+	3	kg	500 g
	6	kg	100 g

g를 합한 값이 1000이거나, 1000보다 크면 1000g을 1kg으로 받아 올림 해줍니다.

② 2+3+받아 올림1 ① 600+500=1100에서
=6 　　　　　　1000을 1L 로 받아 올림

6 kg 200 g − 3 kg 500 g 의 계산

g 끼리 먼저 빼고, kg 끼리 뺍니다.

	5	1000	
	~~6~~	kg	200 g
−	3	kg	500 g
	2	kg	700 g

빼려고 하는 mL가 커서 뺄 수 없으면 kg에서 1kg(1000g)을 받아내림 해줍니다.
(1 kg = 1000 g)

② 받아내림 하고 ① 받아내림한 1000 + 200 − 500
남은 5 − 3 = 2 　　　　= 700

두 길이의 합을 구하세요.

01
	3	kg	900 g
+	1	kg	300 g
		kg	g

02
	4	kg	240 g
+	2	kg	830 g
		kg	g

03
	2	kg	370 g
+	5	kg	650 g
		kg	g

04
	4	kg	836 g
+	1	kg	425 g
		kg	g

소리내 풀기 두 길이의 차를 구하세요.

05.
	5	kg	100 g
−	1	kg	700 g
		kg	g

06.
	7	kg	100 g
−	6	kg	110 g
		kg	g

07.
	4	kg	209 g
−	2	kg	304 g
		kg	g

08.
	6	kg	537 g
−	3	kg	628 g
		kg	g

※ 1000 g = 1 kg 이므로 1000 g 이 넘으면 받아 올림 합니다.

※ 1 kg = 1000 g 이므로 받아내림 하면 1000을 받아내림 합니다.

100 들이와 무게 (생각문제)

소리내 읽기

문제) 매실 농축액 80mL에 생수 1L 80mL 를 섞어서 맛있는 음료수를 만들었습니다. 매실 음료수 몇 mL를 만든 걸까요?

풀이) 매실 농축액 = 80mL   생수 = 1L 80mL = 1080mL

매실 음료수 = 매실 농축액 + 생수 이므로

식은 80mL + 1L 80mL이고, 값은 1L 160mL이므로

따라서 매실 음료수는 1L 160mL를 만든 것입니다.

식) 80mL + 1L 80mL   답) 1L 160mL (1160mL)

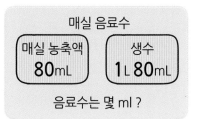

매실 음료수
매실 농축액 80mL	생수 1L 80mL

음료수는 몇 ml ?

소리내 풀기

아래의 문제를 풀어보세요.

01. 라면을 끓일려고 200ml 컵으로 2번 물을 넣고 끓였습니다. 라면을 끓을때 사용한 물은 몇 ml일까요?

풀이) 컵의 용량 = ☐ mL

물 부은 횟수 = ☐ 번

전체 물의 양 = 컵의 용량에 물을 부은 횟수만큼 더하면

되므로, 식은 ☐ + ☐ 이고

답은 ☐ mL 입니다.

식) _____   답) _____ mL

02. 돼지고기 1kg 700g과 소고기 1kg 400g을 샀습니다. 돼지고기와 소고기는 모두 몇 g 샀을까요?

풀이) 돼지고기g = ☐ kg ☐ g

소고기g = ☐ kg ☐ g

전체 g = 돼지고기g ☐ 소고기g 이므로

식은 ☐ kg ☐ g + ☐ kg ☐ g

이므로 ☐ kg ☐ g 이고 ☐ g입니다.

식) _____   답) _____ g

03. 저번 주에 몸무게를 재니 28kg 600g이었는데 오늘은 500g이 늘었습니다. 오늘 몸무게는 몇 g일까요?

풀이)

(식 2점
답 1점)

식) _____   답) _____ kg _____ g

04. 내가 문제를 만들어 풀어 봅니다. (들이, 무게의 계산)

풀이)

(문제 2점
식 2점
답 1점)

식) _____   답) _____

확인 (틀린 문제의 수를 적고, 약한 부분을 보충하세요.)

회차	틀린문제수
96회	문제
97회	문제
98회	문제
99회	문제
100회	문제

오답노트 (앞에서 틀린 문제나 기억하고 싶은 문제를 적습니다.)

회	번
문제	풀이

회	번
문제	풀이

회	번
문제	풀이

회	번
문제	풀이

회	번
문제	풀이

생각해보기 (배운 내용이 모두 이해되었나요?)

■ 모두 이해하고 자신있다. → 다음 회로 넘어 갑니다.

■ 1~2문제 틀릴 수는 있겠지만 거의 이해한다.
→ 개념부분을 한번 더 읽고 다음 회로 넘어 갑니다.

■ 잘 모르는 것 같다.
→ 개념부분과 틀린문제를 한번 더 보고 다음 회로 넘어 갑니다.

공부하는 습관!

하루 10분 수학

6 단계 총정리

3학년 2학기 과정 8회분

아래 곱셈을 계산하여 값을 구하세요.

01. 7 2 × 9 =

02. 3 5 × 3 =

03. 7 6 × 7 =

04. 4 3 × 8 =

05. 9 5 × 4 =

06. 5 2 × 6 =

07. 7 3 × 9 =

08. 6 5 × 2 =

09. 8 7 × 5 =

10. 2 9 × 3 =

102 총정리2 (세 자릿수의 곱셈)

소리내
풀기

아래 세 자릿수와 자연수의 곱셈을 계산하여 값을 구하세요.

01. 6 8 3 × 4 =

05. 4 9 3 × 9 =

02. 5 1 9 × 3 =

06. 2 8 6 × 2 =

03. 2 7 5 × 7 =

07. 5 6 4 × 5 =

04. 3 4 7 × 8 =

08. 8 3 9 × 6 =

월 일
분 초

12 문제 중
문제 맞았기!

두 자릿수와 두 자릿수의 곱셈을 계산하여 값을 구하세요.

01. $23 \times 30 =$

02. $20 \times 28 =$

03. $43 \times 13 =$

04. $27 \times 34 =$

05. $62 \times 12 =$

06. $41 \times 24 =$

07. $32 \times 26 =$

08. $16 \times 17 =$

09. $14 \times 48 =$

10. $36 \times 25 =$

11. $15 \times 57 =$

12. $81 \times 12 =$

Mon 월 일
분 초

18 문제 중
문제 맞

아래 나눗셈을 계산하여 몫을 구하세요.

01. 48 ÷ 8 =

02. 35 ÷ 7 =

03. 64 ÷ 8 =

04. 12 ÷ 3 =

05. 40 ÷ 8 =

06. 49 ÷ 7 =

07. 54 ÷ 9 =

08. 14 ÷ 2 =

09. 27 ÷ 3 =

10. 25 ÷ 5 =

11. 56 ÷ 8 =

12. 28 ÷ 4 =

13. 36 ÷ 4 =

14. 12 ÷ 2 =

15. 32 ÷ 8 =

16. 21 ÷ 3 =

17. 32 ÷ 4 =

18. 18 ÷ 9 =

아래 식을 계산하여 값을 적으세요.

01. 80 ÷ 4 = ☐

검산식)
    20 × 4 = 80

02. 72 ÷ 6 = ☐

검산식)

03. 48 ÷ 2 = ☐

검산식)

04. 75 ÷ 3 = ☐

검산식)

05. 98 ÷ 7 = ☐

검산식)

06. 64 ÷ 4 = ☐

검산식)

07. 85 ÷ 5 = ☐

검산식)

08. 57 ÷ 3 = ☐

검산식)

09. 96 ÷ 6 = ☐

검산식)

Mon 월 일
분 초

9 문제중
문제 맞

 소리내 풀기

아래 식을 계산하여 값을 적으세요.

01. 85 ÷ 6 = ☐ ··· ☐

검산식)
  14 × 6 + 1 = 85

02. 99 ÷ 8 = ☐ ··· ☐

검산식)
_____

03. 75 ÷ 4 = ☐ ··· ☐

검산식)
_____

04. 53 ÷ 3 = ☐ ··· ☐

검산식)
_____

05. 92 ÷ 5 = ☐ ··· ☐

검산식)
_____

06. 63 ÷ 2 = ☐ ··· ☐

검산식)
_____

07. 68 ÷ 6 = ☐ ··· ☐

검산식)
_____

08. 71 ÷ 4 = ☐ ··· ☐

검산식)
_____

09. 52 ÷ 5 = ☐ ···

검산식)
_____

 아래 식을 계산하여 값을 적으세요.

01. $369 + 283 =$

02. $525 + 374 =$

03. $295 + 464 =$

04. $480 + 267 =$

05. $472 + 253 =$

06. $296 + 670 =$

07. $398 + 562 =$

08. $556 + 146 =$

09. $267 + 295 =$

10. $477 + 336 =$

11. $296 + 467 =$

12. $188 + 346 =$

13. $557 + 238 =$

14. $363 + 189 =$

15. $165 + 340 =$

소리내 풀기

아래 식을 계산하여 값을 적으세요.

01. 470 − 153 =

02. 540 − 445 =

03. 938 − 713 =

04. 674 − 142 =

05. 712 − 538 =

06. 404 − 347 =

07. 656 − 298 =

08. 529 − 361 =

09. 976 − 181 =

10. 523 − 357 =

11. 642 − 159 =

12. 876 − 288 =

13. 342 − 243 =

14. 872 − 479 =

15. 965 − 383 =

이어서 나는 ⬚ 을(를) 공부/연습할거야!!

공부하는 습관 !

하루 10분 수학

6단계 정답지

3학년 2학기 수준

01회 (12p)

① (2,16) (2,40) (2,56) ② (2,12) (2,60) (2,72)

③ (3,15) (3,60) (3,75)

④ 68 ⑤ 74 ⑥ 78 ⑦ 96

⑧ 84 ⑨ 91 ⑩ 72 ⑪ 96

오늘부터 하루10분수학을 꾸준히 정한 시간에 하도록 합니다.
위의 설명을 꼼꼼히 읽고, 그 방법대로 천천히 풀어봅니다.
빨리 푸는 것보다는 정확히 풀도록 노력하세요!!!
틀린 문제나 중요한 문제를 책에 색연필로 표시하고,
오답노트를 작성하거나 5회가 끝나면 다시 보도록 합니다.

02회 (13p)

① 18,40,58 ② 15,30,45 ③ 10,50,60

④ 21,60,81 ⑤ 16,80,96

⑥ 18,60,78 ⑦ 35,50,85 ⑧ 16,60,76

⑨ 10,80,90 ⑩ 18,40,58 ⑪ 28,40,68

03회 (14p)

① 10,20,30 ② 12,60,72 ③ 24,40,64

④ 16,80,96 ⑤ 21,60,81 ⑥ 12,80,92

⑦ 16,40,56 ⑧ 21,60,81 ⑨ 12,60,72 ⑩ 12,60,72

⑪ 15,60,75 ⑫ 30,60,90 ⑬ 16,80,96 ⑭ 27,60,87

04회 (15p)

① 20,120,140 ② 18,120,138 ③ 10,300,310

④ 42,120,162 ⑤ 12,200,212

⑥ 14,420,434 ⑦ 12,100,112 ⑧ 15,400,415

⑨ 14,490,504 ⑩ 24,360,384 ⑪ 72,160,232

※ 하루 10분수학을 다하고 다음에 할 것을 정할 때
  수학익힘책을 예습하거나, 복습하는 것도 좋습니다.
  복습하는 습관은 꼭 가지도록 합니다.

05회 (16p)

① 48,300,348 ② 7,630,637 ③ 30,360,390

④ 56,160,216 ⑤ 15,250,265 ⑥ 32,120,152

⑦ 24,120,144 ⑧ 21,120,141 ⑨ 36,630,666

⑩ 18,300,318 ⑪ 12,150,162 ⑫ 40,640,680

⑬ 30,100,130 ⑭ 27,210,237

5회가 끝나면 나오는 확인페이지를 잘 적고,
내가 어떤 것을 잘 틀리고, 중요하게 여기는지 꼭 확인해 봅니다

06회 (18p)

① 6,4,2,642 ② 4,8,6,486 ③ 9,3,6,936

④ 242 ⑤ 963 ⑥ 840 ⑦ 842

⑧ 906 ⑨ 848 ⑩ 286 ⑪ 693

07회 (19p)

① 2,3,1,6,9,3,693 ② 4,1,3,8,2,6,628

③ 0,2,1,0,8,4,480

④ 6,2,8,826 ⑤ 1,2,2,221 ⑥ 9,3,6,639

⑦ 8,4,8,848 ⑧ 3,6,3,363 ⑨ 6,8,2,286

08회 (20p)

① 4,8,6,486 ② 3,9,0,390

③ 3,2,1,9,6,3,963 ④ 2,3,4,4,6,8,864

⑤ 242 ⑥ 963 ⑦ 4,8,8,884 ⑧ 9,3,6,639

⑨ 906 ⑩ 848 ⑪ 3,6,3,363 ⑫ 8,4,2,248

09회 (21p)

① 2,8,14,294 ② 9,6,18,978

③ 1,2,3,4,8,12,492

④ 258 ⑤ 972 ⑥ 864 ⑦ 856

⑧ 918 ⑨ 860 ⑩ 296 ⑪ 474

10회(22p)

① 8,6,18,878　② 4,8,24,504
③ 5,5,15,565　④ 3,2,6,6,4,12,652
⑤ 634　⑥ 624　⑦ 496　⑧ 872　⑨ 498
⑩ 645　⑪ 428　⑫ 876　⑬ 987　⑭ 672

11회(24p)

① 6,14,8,748　② 6,24,9,849
③ 2,9,2,4,18,4,584
④ 346　⑤ 756　⑥ 964　⑦ 788
⑧ 849　⑨ 688　⑩ 980　⑪ 783

12회(25p)

① 4,12,6,526　② 3,15,9,459
③ 8,16,8,968　④ 1,7,2,3,21,6,516
⑤ 783　⑥ 768　⑦ 688　⑧ 750　⑨ 926
⑩ 846　⑪ 516　⑫ 986　⑬ 968　⑭ 759

13회(26p)

① 6,16,18,778　② 18,24,15,2055
③ 1,5,8,3,15,24,474
④ 984　⑤ 705　⑥ 756　⑦ 716
⑧ 1125　⑨ 4158　⑩ 5728　⑪ 3924

14회(27p)

① 4,10,12,512　② 6,24,21,861
③ 24,20,16,2616　④ 1,6,3,5,30,15,815
⑤ 3472　⑥ 1170　⑦ 952　⑧ 1840　⑨ 3188
⑩ 6524　⑪ 2756　⑫ 1932　⑬ 2835　⑭ 1734

15회(28p)

① 45,9,×,45×9,405　식) 45×9　답) 405
② 53,6,×,53×6,318　식) 53×6　답) 318
③ 하루에 배우는 단어 수= 28개, 배운 일수 = 5일
　전체 수 = 하루에 배우는 단어 수 × 배운 일수이므로
　28×5=140개입니다. 식) 28×5=140　답) 140개

생각문제의 마지막 ⑩번은 내가 만드는 문제입니다.
내가 친구나 동생에게 문제를 낸다면 어떤 문제를 낼지
생각해서 만들어 보세요.
다 만들고, 풀어서 답을 적은 후 부모님이나 선생님에게
잘 만들었는지 물어보거나, 자랑해 보세요^^

16회(30p)

① 96　② 72　③ 75　④ 96　⑤ 65
⑥ 58　⑦ 64　⑧ 96　⑨ 74　⑩ 90

17회(31p)

① 120　② 354　③ 272　④ 480　⑤ 595
⑥ 243　⑦ 445　⑧ 105　⑨ 252　⑩ 174

18회(32p)

① 730　② 882　③ 712
④ 889　⑤ 918　⑥ 915

19회(33p)

① 1464　② 3228　③ 2443
④ 1395　⑤ 1395　⑥ 1056

20회(34p)

① 1179　② 956　③ 1020　④ 2376
⑤ 1415　⑥ 6352　⑦ 3444　⑧ 852

21회(36p)

① 36,360,360,3600 ② 10,350,10,3500

③ 100,48,100,480 ④ 2100

⑤ 2800　⑥ 1800　⑦ 1800　⑧ 1200

⑨ 4800　⑩ 2500　⑪ 5600　⑫ 2700

22회(37p)

① 34,340　　　② 96,960

③ 10,75,10,750　④ 10,96,10,960

⑤ 840　⑥ 480　⑦ 680　⑧ 230

⑨ 640　⑩ 720　⑪ 750　⑫ 820

23회(38p)

① 48,480,480,4800 ② 100,36,100,3600

③ 72,720　　④ 10,84,10,840　⑤ 420

⑥ 1400　⑦ 2700　⑧ 3500　⑨ 1200　⑩ 4200

⑪ 520　⑫ 960　⑬ 900　⑭ 860　⑮ 720

24회(39p)

① 12,60,12,60,72 ② 15,60,75

③ 12,80,92

④ 85　⑤ 96　⑥ 72　⑦ 84

⑧ 76　⑨ 87　⑩ 85　⑪ 64

25회(40p)

① 2100　② 800　③ 2700　④ 2000　⑤ 7200

⑥ 780　⑦ 810　⑧ 700　⑨ 840　⑩ 860

⑪ 92　⑫ 54　⑬ 54　⑭ 96　⑮ 76

26회(42p)

① 62,310,62,310,372 ② 51,680,731

③ 75,250,325

④ 72,360,432 ⑤ 42,840,882 ⑥ 64,320,384

⑦ 81,540,621 ⑧ 60,750,810 ⑨ 32,640,672

27회(43p)

① 93,620,93,620,713 ② 25,750,775

③ 70,560,630　　　④ 84,840,924

⑤ 94,470,564 ⑥ 36,720,756 ⑦ 95,760,855

⑧ 65,650,715 ⑨ 87,580,667 ⑩ 24,360,384

⑪ 93,620,713 ⑫ 96,240,336

28회(44p)

① 155,310,155,310,465 ② 68,170,238

③ 175,700,875

④ 147,630,777 ⑤ 108,480,588 ⑥ 228,760,988

⑦ 318,530,848 ⑧ 111,740,851 ⑨ 232,580,812

29회(45p)

① 162,270,162,270,432 ② 170,680,850

③ 112,160,272　　　④ 192,480,672

⑤ 216,720,936 ⑥ 126,840,966 ⑦ 224,280,504

⑧ 378,540,918 ⑨ 114,570,684 ⑩ 148,740,888

⑪ 147,840,987 ⑫ 256,640,896

30회(46p)

① 150,8,×,150×8,1200　식) 150×8 답) 1200

② 930,6,×,930×6,5580　식) 930×6 답) 5580

③ 편의점까지의 거리= 235m

전체 거리 = 편의점까지의 거리 × 2 (갔다가 왔으므로)

이므로 235×2=470m입니다.

식) 235×2=470 답) 470m

생각문제와 같이 글로된 문제를 풀 때는
꼼꼼히 중요한 것을 적고,
깨끗이 순서대로 적으면서 푸는 연습을 합니다.
수학은 느낌으로 문제를 푸는 것이 아니라,
원리를 이용하여 차근차근 생각하면서 푸는 과목입니다.

31회(48p)

01 2 **02** 3 **03** 2 **04** 4 **05** 6 **06** 3 **07** 6

08 8 **09** 3 **10** 5 **11** 8 **12** 7

32회(49p)

01 2 **02** 6 **03** 7 **04** 3 **05** 5 **06** 9

07 8 **08** 8 **09** 7 **10** 4 **11** 7 **12** 8

13 8 **14** 7 **15** 4 **16** 3 **17** 8 **18** 8

33회(50p)

01 4,4 **02** 1,1 **03** 2,20 **04** 1,10

05 30 **06** 10 **07** 30 **08** 10

34회(51p)

01 12 **02** 12 **03** 12

04 31 **05** 21 **06** 22

35회(52p)

01 40 **02** 30 **03** 20 **04** 10

05 32 **06** 13 **07** 21 **08** 12 **09** 41 **10** 22

36회(54p)

01 17 **02** 16 **03** 14

04 17 **05** 13 **06** 13

37회(55p)

01 19 **02** 16 **03** 15

04 18 **05** 14 **06** 15

07 18 **08** 13 **09** 16

38회(56p)

01 27 **02** 24 **03** 23

04 38 **05** 28 **06** 24

39회(57p)

01 29 **02** 25 **03** 17

04 27 **05** 16 **06** 37

07 45 **08** 29 **09** 26

40회(58p)

01 90,3,÷,90÷3,30 식) 90÷3 답) 30

02 96,6,÷,96÷6,16 식) 96÷6 답) 16

03 우리반 학생수 = 32명, 편 수 = 2편(팀, 청군과 백군)

한 편의 수 = 우리반 학생수 ÷ 편 수이므로

32÷2=16명입니다. 식) 32÷2 답) 16명

41회(60p)

01 48…1 **02** 15…2 **03** 14…4

04 23…3 **05** 28…1 **06** 25…2

42회(61p)

① 14…1 ② 34…1 ③ 14…3

④ 14…3 ⑤ 14…2 ⑥ 12…3

⑦ 35…1 ⑧ 23…3 · ⑨ 14…2

43회(62p)

① 3,1   ② 3,1   ③ 3,1   ④ 2,5

⑤ 6…2, 6,2   ⑥ 9…3, 9,3

⑦ 3…8, 3,8   ⑧ 6…2, 6,2   ⑨ 6…3, 6,3

44회(63p)

① 6…1, 6,1   ② 7…2, 7,2

③ 9…3, 9,3   ④ 4…4, 5×4+4=24

⑤ 6…2, 6×6+2=38   ⑥ 5…5, 7×5+5=40

⑦ 63÷8=7…7, 8×7+7=63

⑧ 76÷9=8…4, 9×8+4=76

⑨ 19÷2=9…1, 2×9+1=19

45회(64p)

① 55,4,÷,55÷4,13,3,13,3 방법) 55÷4의 나머지, 답) 3

② 31,5,÷,31÷5,6,1,6,1 방법) 31÷5의 나머지, 답) 1

③ 동화책 쪽수 = 85쪽, 읽는 쪽수 = 7쪽

   남는 수는 동화책 쪽수 ÷ 읽는 쪽수의 나머지입니다.

   85÷7의 몫은 12이고, 나머지는 1이므로,

   12번 읽으면 1쪽이 남습니다.

   방법) 85÷7의 나머지, 답) 1쪽

※ 번 생각문제를 만드는 것도 재미있지요^^
잘 생각해서 만들고, 풀어 보세요!!!
문제를 만들 때는 자신이 풀수 있는 문제를 주로 만들게 됩니다.
만드는 문제를 보면 얼만큼 이해 했는지 알 수 있습니다.
다음에는 조금 어려운 문제를 만들어 보세요.

46회(66p)

① 13   ② 14   ③ 24

④ 27   ⑤ 23   ⑥ 39

⑦ 13   ⑧ 18   ⑨ 46

⑩ 28   ⑪ 12   ⑫ 17

47회(67p)

① 12, 12×8=96   ② 17, 17×4=68

③ 19, 19×3=57   ④ 18, 18×5=90

⑤ 16, 16×6=96   ⑥ 12, 12×7=84

⑦ 23, 23×3=69   ⑧ 17, 17×5=85

⑨ 13, 13×6=78

48회(68p)

① 15…1   ② 13…4   ③ 29…1

④ 25…2   ⑤ 36…1   ⑥ 15…5

⑦ 13…1   ⑧ 12…3 · ⑨ 15…1

49회(69p)

① 6…1, 6,1, 6,1   ② 6…1, 6,1, 6,1   ③ 7…3, 7,3, 7,3

④ 8…2, 42÷5=8…2, 5×8+2=42

⑤ 4…1, 25÷6=4…1, 6×4+1=25

⑥ 3…5, 26÷7=3…5, 7×3+5=26

⑦ 2…1, 17÷8=2…1, 8×2+1=17

⑧ 6…4, 58÷9=6…4, 9×6+4=58

⑨ 9…1, 64÷7=9…1, 7×9+1=64

※ 42÷5=8…2의 검산식을
   5×8+2=42라고 해도 되고,
   8×5+2=42라고 해도 됩니다.
   곱셈은 순서에 상관이 없기 때문입니다.
   둘다 계산해 보면 값이 같습니다.

50회(70p)

① 27…1, 27×2+1=55 ② 18…3, 18×5+3=93
③ 14…3, 14×6+3=87 ④ 12…1, 12×7+1=85
⑤ 24…2, 24×3+2=74 ⑥ 16…1, 16×5+1=81
⑦ 13…1, 13×6+1=79 ⑧ 15…3, 15×4+3=63
⑨ 13…5, 13×7+5=96

벌써 50회를 했습니다. 정한 시간에 꾸준히 하고 있나요?
아침에 일어나서 학교 가기전에 해 보는 건 어떤가요?
가랑비에 옷이 젖듯이 꾸준히 하다보면 수학이 좋아질거에요^^
계속 틀리는 것이 나오면 www.obook.kr의 자료실에 있는
기본계산연습 엑셀파일을 다운 받아서 연습해 보세요.

51회(71p)

① 반지름, 지름   ② 지름, 반지름
③ 지름, 반지름   ④ 지름, 반지름
④ 4,2   ⑤ 4,2   ⑥ 6,3   ⑦ 6,3

52회(73p)

① 4 (8÷2) ② 6 (3×2) ③ 7 (3+4) ④ 10 (6+4)
⑤ 12 (4×3) ⑥ 16 (4×4) ⑦ 32 (8×4) ⑧ 2 (8÷2)

53회(74p)

① 분수   ② 위   ③ 분자   ④ $\frac{2}{3}$, 3분의 2
⑤ 5,3   ⑥ $\frac{3}{4}$, 4분의 3   ⑦ $\frac{1}{3}$, 3분의 1
⑧ $\frac{4}{5}$, 4   ⑨ [도형]   ⑩ $\frac{3}{6}$, [도형]

54회(75p)

① $\frac{1}{6}$, $\frac{1}{6}$, 1   ② $\frac{2}{6}$, $\frac{2}{6}$, 2
③ $\frac{3}{6}$, $\frac{3}{6}$, 3   ④ $\frac{4}{6}$, $\frac{4}{6}$, 4

55회(76p)

① 25, 7, 내것수, $\frac{7}{25}$ 답) $\frac{7}{25}$
② 32, 13, 전체수, $\frac{13}{32}$ 답) $\frac{13}{32}$
③ 전체 일수 = 14일, 책 읽은 일수 = 9일

분수 = $\frac{책 읽은 일수}{전체일수}$ = $\frac{9}{14}$ 답) $\frac{9}{14}$

56회(78p)

① $\frac{1}{4}$, 3, 3   ② $\frac{2}{4}$, 6, 6
③ $\frac{3}{4}$, 9, 9   ④ $\frac{4}{4}$, 12, 12

57회(79p)

① $\frac{1}{5}$ ② 4 ③ 4 ④ 8 ⑤ 12 ⑥ 16 ⑦ 20
⑧ $\frac{1}{6}$ ⑨ 3 ⑩ 3 ⑪ 6 ⑫ 9 ⑬ 12 ⑭ 15

58회(80p)

① 3, $\frac{1}{4}$, $\frac{1}{4}$ ② 6, $\frac{2}{4}$, $\frac{2}{4}$
③ 9, $\frac{3}{4}$, $\frac{3}{4}$ ④ 12, $\frac{4}{4}$, $\frac{4}{4}$

59회(81p)

① 4 ② $\frac{1}{5}$ ③ $\frac{1}{5}$ ④ $\frac{2}{5}$ ⑤ $\frac{3}{5}$ ⑥ $\frac{4}{5}$ ⑦ $\frac{5}{5}$
⑧ 3 ⑨ $\frac{1}{6}$ ⑩ $\frac{1}{6}$ ⑪ $\frac{2}{6}$ ⑫ $\frac{3}{6}$ ⑬ $\frac{4}{6}$ ⑭ $\frac{5}{6}$

60회(82p)

① $\frac{3}{4}$ ② $\frac{5}{7}$ ③ $\frac{2}{9}$ ④ $\frac{11}{15}$ ⑤ $\frac{3}{6}$ ⑥ $\frac{2}{4}$ ⑦ $\frac{1}{2}$
⑧ 3 ⑨ 5 ⑩ $\frac{2}{4}$ ⑪ $\frac{2}{3}$ ⑫ 4 ⑬ 6

61회 (84p)

01 $\frac{1}{3}$, 진   02 $\frac{3}{3}$, 가   03 $\frac{4}{3}$, 가

04 $\frac{4}{4}$, 가   05 $\frac{4}{5}$, 진

06 $\frac{1}{2}$, $\frac{2}{2}$ $\frac{3}{2}$ $\frac{4}{2}$ 07 $\frac{1}{3}$ $\frac{2}{3}$, $\frac{3}{3}$ $\frac{4}{3}$ $\frac{5}{3}$ $\frac{6}{3}$

08 진분수 : $\frac{1}{5}$ $\frac{2}{5}$ $\frac{3}{5}$ $\frac{4}{5}$ 가분수 : $\frac{5}{5}$ $\frac{6}{5}$ $\frac{7}{5}$ $\frac{8}{5}$ $\frac{9}{5}$ $\frac{10}{5}$

62회 (85p)

01 $\frac{3}{3}$ 02 $\frac{2}{4}$ 03 $\frac{4}{5}$ 04 $\frac{5+6}{12}$, $\frac{11}{12}$ 05 $\frac{12+8}{27}$, $\frac{20}{27}$

06 $\frac{1}{3}$ 07 $\frac{1}{4}$ 08 $\frac{3}{5}$ 09 $\frac{29-17}{45}$, $\frac{12}{45}$ 10 $\frac{64-8}{97}$, $\frac{56}{97}$

63회 (86p)

01 $\frac{5}{3}$, $1\frac{2}{3}$ 02 $\frac{7}{4}$, $1\frac{3}{4}$

03 $\frac{6}{5}$, $1\frac{1}{5}$ 04 $\frac{11}{4}$, $2\frac{3}{4}$

05 $\frac{14}{5}$, $2\frac{4}{5}$ 06 1, $\frac{3}{3}$, $\frac{5}{3}$

07 2, $\frac{4}{2}$, $\frac{5}{2}$

08 $\frac{2}{2}$, $\frac{1}{2}$, 1, $\frac{1}{2}$, $1\frac{1}{2}$

09 $\frac{6}{3}$, $\frac{2}{3}$, 2, $\frac{2}{3}$, $2\frac{2}{3}$

10 $\frac{10}{5}$, $\frac{2}{5}$, 2, $\frac{2}{5}$, $2\frac{2}{5}$

64회 (87p)

01 > ($\frac{8}{3}$)   02 < ($\frac{12}{5}$)   03 < ($\frac{7}{4}$)   04 > ($\frac{8}{6}$)

05 < ($4\frac{1}{2}$)   06 > ($1\frac{5}{6}$)   07 > ($2\frac{4}{5}$)   08 < ($1\frac{3}{4}$)

※ **부지불식 일취월장** – 자신도 모르게 성장하고 발전한다.
   꾸준히 무엇인가를 하다보면 어느 순간 달라진 나 자신을
   발견하게 됩니다.
   무엇이든 할 수 있다고 생각하고 노력하면,
   잘하게 되고, 사람도 많이 따르게 됩니다.

65회 (88p)

01 15, $\frac{3}{5}$, 3, 9, 9   답) 9

02 14, $\frac{2}{7}$, 2, 4, 4   답) 4

03 전체 일수 = 21일, 실천한 일의 분수 = $\frac{2}{3}$

21의 $\frac{1}{3}$ 은 7이므로, $\frac{2}{3}$ 는 14입니다.

그러므로 나는 14일을 책을 읽었습니다.

답) 14일

66회 (90p)

01 큰 수: 3   작은 수: $\frac{3}{2}$ 02 큰 수: $1\frac{3}{4}$ 작은 수: 1

03 큰 수: 4   작은 수: $3\frac{1}{5}$ 04 큰 수: $2\frac{3}{4}$ 작은 수: 2

05 큰 수: $1\frac{1}{6}$ 작은 수: $\frac{5}{6}$ 06 큰 수: $\frac{21}{3}$ 작은 수: $5\frac{2}{3}$

07 큰 수: $\frac{7}{2}$ 작은 수: $2\frac{1}{2}$

67회 (91p)

01 2   02 20, 4, 3, 15   03 24, 6, 3, 12

04 ÷, ×, 21   05 ÷, ×, 18

06 18   07 12   08 12

68회 (92p)

01 1, $\frac{3}{3}$, $\frac{5}{3}$ 02 $\frac{5}{3}$

03 3, $\frac{12}{4}$, $\frac{13}{4}$ 04 $\frac{3\times4+1}{4}$, $\frac{13}{4}$

03 $\frac{4\times2+1}{2}$, $\frac{9}{2}$ 04 $\frac{6\times5+2}{5}$, $\frac{32}{5}$

03 $\frac{23}{4}$ 04 $\frac{19}{9}$

※ 쉬워서 다 아는 것도 복습을 하는 것이 아주 중요합니다.
  복습을 하면 쉽게 잊어 먹지 않습니다.
  오늘은 학교나 학원에서 수업한 것을 복습해 보는 건 어때요

69회(93p)

① $\frac{4}{2}$, $\frac{1}{2}$, 2, $\frac{1}{2}$, $2\frac{1}{2}$　② $2\frac{1}{2}$

③ $\frac{6}{3}$, $\frac{2}{3}$, 2, $\frac{2}{3}$, $2\frac{2}{3}$　④ 2…2, $2\frac{2}{3}$

⑤ 3…1, $3\frac{1}{4}$　⑥ 5…2, $5\frac{2}{5}$

⑦ $4\frac{1}{4}$　⑧ $6\frac{4}{5}$

70회(94p)

① 36,9,2,8　② 21

③ $\frac{5\times8+3}{8}$, $\frac{43}{8}$　④ $\frac{7\times6+5}{6}$, $\frac{47}{6}$

⑤ $6\frac{1}{7}$　⑥ 29÷9=3…2, $3\frac{2}{9}$

⑦ 큰 수: $\frac{13}{2}$ 작은 수: $4\frac{1}{2}$　⑧ 큰 수: 3　작은 수: $2\frac{1}{4}$

⑨ 큰 수: $\frac{45}{7}$ 작은 수: 6　⑩ 큰 수: 4　작은 수: $3\frac{3}{5}$

71회(96p)

① 372　② 581　③ 120　④ 292

⑤ 144　⑥ 456　⑦ 567　⑧ 172

72회(97p)

① 1104　② 1854　③ 2550　④ 875

⑤ 2091　⑥ 772　⑦ 3402　⑧ 2396

73회(98p)

① 182,260,442　② 128,640,768　③ 112,280,392

④ 175,500,675　⑤ 138,690,828　⑥ 148,740,888

⑦ 140,280,420　⑧ 306,510,816　⑨ 119,510,629

⑩ 180,450,630　⑪ 252,720,972　⑫ 147,840,987

74회(99p)

① 120,300,420　② 88,660,748　③ 180,360,540

④ 114,380,494　⑤ 207,690,897　⑥ 42,700,742

⑦ 315,350,665　⑧ 84,480,564　⑨ 90,600,690

⑩ 189,630,819　⑪ 108,360,468　⑫ 208,260,468

75회(100p)

① 391　② 640　③ 621　④ 228

⑤ 630　⑥ 806　⑦ 936　⑧ 855

⑨ 972　⑩ 950　⑪ 945　⑫ 522

76회(102p)

① 18　② 14　③ 24

④ 19　⑤ 14　⑥ 13

⑦ 32　⑧ 23　⑨ 17

⑩ 13　⑪ 36　⑫ 15

77회(103p)

① 18, 18×2=36　② 14, 14×3=42

③ 13, 13×5=65　④ 17, 17×3=51

⑤ 23, 23×4=92　⑥ 32, 32×2=64

⑦ 12, 12×8=96　⑧ 13, 13×2=26

⑨ 15, 15×3=45

78회(104p)

① 13…1　② 11…1　③ 18…3

④ 26…2　⑤ 13…3　⑥ 28…1

⑦ 11…3　⑧ 31…2 · ⑨ 12…5

79회(105p)

① 8…1, 8,1, 8,1 ② 7…2, 7,2, 7,2 ③ 6…2, 6,2, 6,2

④ 2…3, 13÷5=2…3, 5×2+3=13

⑤ 3…5, 23÷6=3…5, 6×3+5=23

⑥ 9…2, 65÷7=9…2, 7×9+2=65

⑦ 5…4, 44÷8=5…4, 8×5+4=44

⑧ 4…5, 41÷9=4…5, 9×4+5=41

⑨ 6…1, 25÷4=6…1, 4×6+1=25

80회(106p)

① 29…1, 29×3+1=88 ② 37…1, 37×2+1=75

③ 11…3, 11×6+3=69 ④ 24…3, 24×4+3=99

⑤ 16…2, 16×3+2=50 ⑥ 42…1, 42×2+1=85

⑦ 19…2, 19×5+2=97 ⑧ 24…1, 24×3+1=73

⑨ 23…3, 23×4+3=95

81회(108p)

① 5,25 ② 4 36 ③ 7,49 ④ 6,24

⑤ 7,49 ⑥ 8,64 ⑦ 5,25 ⑧ 3,9

⑨ 6,36 ⑩ 7,56 ⑪ 8,64 ⑫ 5,25

82회(109p)

① 8,16 ② 2,6 ③ 5,45 ④ 3,15

⑤ 4,16 ⑥ 9,72 ⑦ 7,49 ⑧ 8,48

⑨ 9,27 ⑩ 2,8 ⑪ 9,27 ⑫ 6,24

83회(110p)

① 56,14 ② 72,12 ③ 54,18

④ 20,10 ⑤ 30,10 ⑥ 56,14

⑦ 45,15 ⑧ 72,36 ⑨ 18,2

84회(111p)

① 4,60 ② 9,99 ③ 7,161

④ 8,216 ⑤ 9,306 ⑥ 5,185

⑦ 3,138 ⑧ 4,192 ⑨ 9,225

85회(112p)

① 768 32 4 6 ② 750 10 25 3

③ 896 28 16 2 ④ 882 18 7 7

86회(114p)

① 803 ② 731 ③ 942 ④ 713

⑤ 523 ⑥ 914 ⑦ 720 ⑧ 614

⑨ 910 ⑩ 700 ⑪ 800 ⑫ 535

2학년 2학기와 3학년 2학기 교과 내용에는 덧셈 뺄셈 내용이
없습니다. 오늘부터 5일씩 덧셈과 뺄셈을 연습합니다.
곱셈과 같이 바로 계산하는 것도 있으니
연습해 보세요!!!

87회(115p)

① 311 ② 611 ③ 700 ④ 583 ⑤ 527

⑥ 741 ⑦ 905 ⑧ 535 ⑨ 543 ⑩ 692

⑪ 953 ⑫ 845 ⑬ 800 ⑭ 521 ⑮ 843

88회(116p)

① 625 ② 735 ③ 511

④ 708 ⑤ 494 ⑥ 659

⑦ 501 ⑧ 912 ⑨ 454

89회(117p)

01 623 02 831 03 403 04 751 05 802

06 923 07 521 08 872 09 703 10 814

11 541 12 663 13 911 14 813 15 942

90회(118p)

01 835 02 742 03 547 04 851 05 521

06 907 07 447 08 941 09 931 10 681

11 528 12 833 13 633 14 713 15 711

91회(120p)

01 155 02 258 03 98 04 258

05 496 06 378 07 276 08 217

09 488 10 636 11 157 12 129

92회(121p)

01 365 02 786 03 59 04 351 05 187

06 367 07 676 08 388 09 376 10 555

11 589 12 487 13 108 14 338 15 349

93회(122p)

01 178 02 179 03 199

04 286 05 235 06 274

07 98 08 398 09 576

94회(123p)

01 270 02 325 03 172 04 845 05 250

06 88 07 248 08 156 09 384 10 411

11 456 12 159 13 239 14 567 15 259

95회(124p)

01 532 02 137 03 278 04 292 05 808

06 469 07 45 08 473 09 94 10 45

11 627 12 345 13 218 14 124 15 369

96회(126p)

02 L, 1000 03 1000,100 04 리터, 밀리리터

05 500,1,500 06 2 07 2,2,750

08 3,20 09 2,2000,2125 10 3050

97회(127p)

01 5,100 02 8,250 03 8,320 04 6,219

05 5,700 06 2,710 07 1,690 08 6,684

98회(128p)

02 kg, 1000 03 1000,100 04 킬로그램, 그램

05 600,2,600 06 4 07 5,5,120

08 7,2 09 6,6000,6365 10 8070

99회(129p)

01 5,200 02 7,070 03 8,020 04 6,261

05 3,400 06 1,210 07 1,905 08 2,909

※ 이제 3학년 2학기 과정도 거의 끝나 갑니다.
하루 10분 수학을 다 하더라도 꾸준히 내가 정한 것을
지킬 수 있도록 노력합니다.

※ kg에서 k는 대문자 K로 적어도 됩니다.

151

100회(130p)

① 200, 2, 200, 200, 400   식) 200+200 답) 400mL

② 1, 700, 1, 400, +, 1, 700, 1, 400, 3, 100,

   식) 1kg 700g + 1kg 400g 답) 3kg 100g

③ 저번주 몸무게 = 28kg, 늘은 몸무게 = 500g

   오늘 몸무게 = 저번주 몸무게 + 늘은 몸무게이므로

   식은 28kg600g+500g이고

   이때 값은 29kg100g입니다.

   식) 28kg600g+500g 답) 29kg100g

이제 3학년 2학기 원리와 계산력 부분을 모두 배웠습니다.
이것을 바탕으로 서술형/사고력 문제도 자신있게 풀어보세요!!!

수고하셨습니다.

하루 10분 수학

6단계(3학년 2학기) 총정리 8회분 정답지

101회 (총정리1회, 133p)

① 648 ② 105 ③ 532 ④ 344 ⑤ 380
⑥ 312 ⑦ 657 ⑧ 130 ⑨ 435 ⑩ 87

102회 (총정리2회, 134p)

① 2732 ② 1557 ③ 1925 ④ 2776
⑤ 4437 ⑥ 572 ⑦ 2820 ⑧ 5034

103회 (총정리3회, 135p)

① 690 ② 560 ③ 559 ④ 918
⑤ 744 ⑥ 984 ⑦ 832 ⑧ 272
⑨ 672 ⑩ 900 ⑪ 855 ⑫ 972

104회 (총정리4회, 136p)

① 6 ② 5 ③ 8 ④ 4 ⑤ 5 ⑥ 7
⑦ 6 ⑧ 7 ⑨ 9 ⑩ 5 ⑪ 7 ⑫ 7
⑬ 9 ⑭ 6 ⑮ 4 ⑯ 7 ⑰ 8 ⑱ 2

105회 (총정리5회, 137p)

① 20, 20×4=80 ② 12, 12×6=72
③ 24, 24×2=48 ④ 25, 25×3=75
⑤ 14, 14×7=98 ⑥ 16, 16×4=64
⑦ 17, 17×5=85 ⑧ 19, 19×3=57
⑨ 16, 16×6=96

106회 (총정리6회, 138p)

① 14…1, 14×6+1=85 ② 12…3, 12×8+3=99
③ 18…3, 18×4+3=75 ④ 17…2, 17×3+2=53
⑤ 18…2, 18×5+2=92 ⑥ 31…1, 31×2+1=63
⑦ 11…2, 11×6+2=68 ⑧ 17…3, 17×4+3=71
⑨ 10…2, 10×5+2=52

107회 (총정리7회, 139p)

① 652 ② 899 ③ 759 ④ 747 ⑤ 725
⑥ 966 ⑦ 960 ⑧ 702 ⑨ 562 ⑩ 813
⑪ 763 ⑫ 534 ⑬ 795 ⑭ 552 ⑮ 505

108회 (총정리8회, 140p)

① 317 ② 95 ③ 225 ④ 532 ⑤ 174
⑥ 57 ⑦ 358 ⑧ 168 ⑨ 795 ⑩ 166
⑪ 483 ⑫ 588 ⑬ 99 ⑭ 393 ⑮ 582

단순사칙연산(덧셈, 뺄셈, 곱셈, 나눗셈)만 연습하기를 원하시면
WWW.OBOOK.KR의 자료실(연산엑셀파일)을 이용하세요.

※ 단순사칙연산(덧셈,뺄셈,곱셈,나눗셈)만 연습하기를 원하시면
www.obook.kr의 자료실(연산엑셀파일)을 이용하세요.
연산만을 너무 많이 하면, 수학이 싫어지는 지름길입니다.
연산은 하루에 조금씩 꾸준히!!!

※ 하루 10분 수학을 다하고 다음에 할 것을 정할 때,
수학익힘책을 예습하거나, 복습하는 것을 추천합니다.
수학공부는 교과서, 익힘책, 하루10분수학으로 충분합니다.^^